EUROPÄISCHER
HOCH
SCHUL
VERLAG

BILDERATLAS DER TIERE
Zoologie der Säugetiere
(Band 1)

VON

Prof. Dr. WILLIAM MARSHALL

MIT ABBILDUNGEN

NACHDRUCK DER ORIGINALAUSGABE VON 1897.
(LEIPZIG, WIEN)

ISBN: 978-3-86741-198-1

REIHE: HISTORICAL SCIENCE, BAND 21

Bilder-Atlas

zur

Zoologie der Säugetiere.

Mit beschreibendem Text

von

Prof. Dr. William Marshall.

Mit 258 Holzschnitten nach Photographien und nach Zeichnungen von G. Mützel, Fr. Specht, Rob. Kretschmer, W. Kuhnert u. a.

Neuer Abdruck.

Leipzig und Wien.
Bibliographisches Institut.
1908.

Vorwort.

Es ist eine vom wissenschaftlichen Standpunkt aus unrichtige Auffassung, in den Säugetieren die hauptsächlichsten Vertreter der Tierwelt sehen zu wollen, denn in der Natur gibt es, entsprechend ihrem großartigen, allgemeinen Zusammenhange, nichts Hauptsächliches und nichts Nebensächliches. Erst der Mensch hat diese Unterscheidung in sie hineingetragen, und es ist leicht begreiflich, daß ihm die Säugetiere die wichtigsten Tiere sein mußten, ja, in der Sprache des Volkes sind sie die „Tiere" schlechthin, die man als solche z. B. den Vögeln oft genug gegenübergestellt sieht.

Die Gründe einer solchen Beurteilung der Tierwelt liegen nahe genug und sie sind triftig: der Mensch, wenn er überhaupt ein Gefühl von seiner, den Organisationsverhältnissen und den Lebensverrichtungen, normalen und krankhaften, nach nicht wegzuleugnenden Zugehörigkeit zur Tierwelt hat, wird in den Säugetieren gewiß immer diejenigen ihrer Angehörigen erkannt haben, die ihm am nächsten stehen. Sie waren aber auch außerdem seit grauer Vorzeit in vielen und großen Gebieten der Erde die einzigen Faktoren, die ihm das Dasein ermöglichten, sie waren seine Jagdbeute und boten ihm Nahrung und Kleidung zugleich, sie sind es, um die im großen und ganzen die Tierfabeln und Tierepen, nicht zu unterschätzende, uralte geistige Leistungen der Volksseele, sich drehen, sie spielten als Hauptopfertiere eine nicht unwichtige Kulturrolle, ja ihnen wurden vielfach und werden stellenweise noch heute göttliche Ehren erwiesen.

Ganz besonders mußten aber die Haussäugetiere dem Menschen nahetreten und teilweise zu wahren Mitgliedern seiner Familie werden, ohne deren Beihilfe er nun und nimmer die hohe Stelle, die er doch in der Natur einnimmt, hätte erringen und behaupten können. Man stelle es sich einmal mit allen Folgen vor, daß die Menschheit sich niemals das Rind, das Pferd, den Hund, und wie sie alle heißen mögen, zu ihren Lebensgenossen herangezogen und sich ihre Kräfte, ihr Fleisch, ihre Milch, ihre Körperbedeckungen und viele andere durch sie gewährte Dinge zu nutze zu machen verstanden hätte!

Der „Bilder-Atlas zur Zoologie der Säugetiere“ soll breiteren Schichten der Bevölkerung und namentlich der heranwachsenden, lernenden Jugend Gelegenheit geben, durch Anschauung von in jeder Hinsicht klassischen Abbildungen Belehrung und würdige Unterhaltung zugleich zu finden. Es lag in der Natur der Sache, daß der beschreibende Text sich auf das Maß des zum Verständnis unumgänglich Nötigen beschränken mußte. Der Verfasser dieses Textes hat sein Hauptaugenmerk darauf gerichtet, den auf die einzelnen Abbildungen Bezug nehmenden Bemerkungen immer eine allgemeine, kurze Beschreibung der verschiedenen Gruppen vorauszuschicken, in der nicht bloß dem „Wie“, sondern namentlich auch dem „Warum“ der Eigentümlichkeiten der einzelnen Säugetierordnungen Rechnung getragen wird.

Leipzig, im Oktober 1897.

Prof. Dr. **William Marshall.**

Inhalt des Textes.

Verzeichnis der Abbildungen.

Rüsselttiere.

Klippdachse.

Nagetiere.

Raubtiere: Bären 2c.

Raubtiere: Katzen.

Raubtiere: Hyänen.

Raubtiere: Hunde.

Raubtiere: Flossenfüßler.

Insektenfresser.

Pelzflatterer.

Fledermäuse.

Lemuren.

Affen der Neuen Welt.

Affen der Alten Welt.

Die Säugetiere.

Einleitung.

Die Säugetiere, in denen das Tierreich seine höchste Vollendung findet, sind (mit Ausnahme einiger Wale am Kopf) äußerlich streng bilateral-symmetrische Wirbeltiere mit runden, roten Blutkörperchen; nur bei Kamelen und Lamas sind sie oval. Die Temperatur ihres Blutes ist unabhängig von der der umgebenden Luft oder des Wassers. Ihr Herz enthält zwei völlig voneinander getrennte Kammern und zwei ebenso getrennte Vorkammern. Ein vollkommenes, muskulöses Zwergfell zerlegt die Leibeshöhle in einen vorderen Brust- und in einen hinteren Bauchabschnitt. Ihre Körperbedeckung besteht aus Haaren, sie werfen, mit Ausnahme der Kloakentiere, lebende Junge, die ausnahmslos im Anfang ihres Lebens mit einer Absonderung gewisser Hautdrüsen der Mutter (Milch) ernährt werden.

Die Wirbelsäule der Säugetiere besteht aus den drei äußerlich bemerkbaren Abschnitten des Halses, des Rumpfes und des Schwanzes. Der Hals enthält, ganz unabhängig von seiner verhältnismäßigen Länge, in nur sehr seltenen Fällen mehr oder weniger als 7 Wirbel, die einen beweglichen Stiel des Kopfes darstellen und einen um so beweglicheren, je länger er ist, und mit dessen oberen Ende sich das Hinterhaupt mit 2 Gelenkhöckern verbindet. Seine Muskulatur ist entsprechend entwickelt, und es treten von den Halswirbeln Bündel an den Kopf und vom Brustkorb an diesen und an jene. Besonders stark sind die Tragmuskeln des Kopfes dann entwickelt und häufig noch durch ein von den oberen, in der Mitte gelegenen Dornfortsätzen der vorderen Rücken- und der Halswirbel kommendes und an das Hinterhaupt tretendes Nackenband verstärkt, wenn er durch die Gegenwart von Hörnern und Geweihen beträchtlich beschwert ist, oder wenn der vordere Teil des Schädels oft wiederkehrende Bewegungen von unten nach oben, wie bei hauenden und wühlenden Schweinen, zu machen hat. Säugetiere, die, wie die Katzen, beim Kampfe mit ihren Beutestücken und mit Feinden und beim Zerreißen und Fortschaffen der ersteren den Kopf mit großer Kraft nach allen Seiten bewegen müssen, haben auch eine entsprechend starke, aber mehr gleichmäßig und allseitig entwickelte Halsmuskulatur.

In der Regel ist der Besitz hoher vorderer Gliedmaßen mit dem eines langen Halses verbunden, so daß die Tiere ihre Nahrung vom Boden aufnehmen können, ohne allgemeine Beeinträchtigung der Schnelligkeit ihrer Bewegungen, und meist verhält es sich so bei auf großen Flächen laufenden, aber nicht bei kletternden Tieren. Die Giraffe frißt mit Vorliebe von hohen Büschen, nur selten und ungern vom Boden, und durch die hohen Vorderbeine und den langen Hals wird ihr jene Art des Nahrungserwerbes wesentlich erleichtert. Die Elefanten machen eine Ausnahme, aber ihr gewaltiger, an und für sich schon schwerer und durch die Stoßzähne noch um soviel mehr belasteter Kopf würde bei einem langen Hals eine so kolossale ihn bewegende oder aufrecht haltende Muskulatur voraussetzen, daß ihre Ursprungs- und Ansatzstellen an den Skeletteilen über das Mögliche hinaus entwickelt sein müßten. Dieses Mißverhältnis wird durch das Auftreten des langen, so überaus beweglichen Rüssels vermieden, wie ihn gewiß auch das kurzhalsige, mit gewaltigen Geweihen ausgerüstete Siwatier (Sivatherium), ein ausgestorbener Verwandter der Giraffe, besessen hat. Auch solche Tiere mit langen oder ziemlich langen vorderen Gliedmaßen, die, wie manche Beuteltiere und Bärenformen, viele Nager, Halbaffen und Affen, besonders die ausgesprochenen alt- und neuweltlichen Baumaffen, die Gibbons und Spinnenaffen, ihre Nahrung mit den Vorderpfoten zum Maule führen, bedürfen keines langen Halses. Die Faultiere haben zwar keine handartig entwickelten Vorderpfoten, aber sie sind auch ausgesprochene Baumtiere und weiden, an ihren langen Gliedmaßen hängend, das kleine auf einem kurzen Halse sitzende Köpfchen hin und her wendend, das Laub, in dem sie sitzen, einfach ab und haben es nicht nötig, sich zu bücken. Bei den Fledermäusen sind die vorderen Extremitäten als Ganzes gewiß sehr lang, aber auch ihnen genügt ein kurzer Hals, denn sie fangen entweder ihre tierische Nahrung aus der Luft oder finden ihre pflanzliche in freischwebenden Baumfrüchten, an denen sie sich anklammern. Ein langer Hals würde beim Fliegen unbequem sein, er müßte denn, wie bei vielen Vögeln, auf den Rücken zurückgebogen werden können, da aber bei einer Fledermaus gar kein Bedürfnis zu einer solchen Einrichtung vorhanden war, wurde sie auch nicht erworben. Den kürzesten Hals, der sich äußerlich gar nicht und am Skelett kaum als solcher ausweist, haben die Waltiere, und aus naheliegenden Gründen, den nämlichen, die auch den Fischen und den ausgestorbenen Fischechsen oder Ichthyosauren den Halsmangel angezüchtet haben: ein im Wasser schwimmendes Tier wird den Widerstand des Mediums, in dem es sich bewegt, am besten überwinden, wenn sein Kopf ohne Grenze in den Rumpf übergeht und fest mit ihm verbunden ist.

Die Wirbelsäule des Rumpfes, die ihrerseits wieder in 3 Abschnitte, in den der Brust, der Lende und des mit dem Becken fest verbundenen Kreuzbeines, zerfällt, ist nur wenig beweglich, und ihre Wirbel nehmen nach hinten hin an Umfang zu. In der bei den verschiedenen Säugetierarten, auch bei naheverwandten, in der Zahl der Wirbel und dadurch auch in ihrer Länge so verschieden entwickelten Schwanzwirbelsäule nehmen die Wirbel in Größe und Kompliziertheit des Baues nach der Spitze zu wieder ab. Die menschenähnlichen Affen, der braune Bär, das Reh u. a. m. haben einen äußerlich nicht oder kaum wahrnehmbaren Schwanz, in anderen Fällen, wie z. B. bei Schlankaffen, Meerkatzen, Mardern, Eichhörnchen und vielen anderen mehr, ist er ganz bedeutend entwickelt. Wo er aber vorhanden ist, ist er immer willkürlich beweglich, manchmal, z. B. beim Hunde, fast nur an der Wurzel; bei der Katze hat er die Möglichkeit weit mehr und weit verschiedenere Bewegungen auszuführen, und er kann unter Umständen die Rolle einer unpaaren, mittleren, fünften Extremität völlig übernehmen. Häufig (schon beim Hunde, mehr noch bei dem Fischotter und dem Wychocholz) ist er ein ausgezeichnetes Steuer beim Schwimmen, bei den gewöhnlichen und sogenannten fliegenden Eichhörnchen sowie bei den Flugbeutlern ist er ein solches beim Springen und den flugartigen Bewegungen durch die Luft und wirkt mit als ein Stück des Fallschirms. Öfters dient er, bei Tieren, die zwar klettern können, aber nicht einseitig in dieser Richtung angepaßt sind, als Balancierstange, wenn sie etwa auf einem schmalen Ast hinlaufen, wie z. B. bei den Meerkatzen. Bei den Känguruhs unterstützt er sehr wesentlich die vorwärts treibende Kraft der Hinterschenkel beim Sprunge, und bei so ausgesprochenen Baumtieren, wie es die australischen und papuanischen Kusus, namentlich aber gewisse Waldbewohner Amerikas, die Klammeraffen, die Wickelbären, die Baumstachelschweine, kleinen Ameisenfresser und besonders die Spinnenaffen sind, ist er zu einem die Kletterbewegungen mächtig fördernden Greifapparat geworden, der mit der an der Unterseite meist haarlosen und sehr feinfühligen Spitze die Zweige umfaßt, ja, bei den Affen wenigstens, zum Abreißen von Früchten verwendet wird.

Der Schädel der Säugetiere, den man die Blüte der Wirbelsäule nennen könnte, so gut wie das Gehirn die Blüte des Rückenmarks, ist sehr verschieden gestaltet, aber wesentlich liegt diese Verschiedenheit in dem Bau des als Gesichtsschädel bezeichneten vorderen, die Höhlungen des Mundes, der Nase und zum Teil wenigstens der Augen und Ohren umschließenden Abschnittes, während der hintere Gehirnteil bei immerhin zahlreichen, kleineren Modifikationen im ganzen doch eine größere Übereinstimmung aufweist. Diese Modifikationen können auf Gestaltungsverhältnisse der Hirnhöhle, also des Gehirns, beruhen, öfters sind sie aber auf die Gegenwart von starken Kaumuskeln zum Ursprunge dienenden Knochenleisten (anthropoide Affen, Paviane, Raubtiere 2c.) zurückzuführen. Die Schwankungen in der Form des Gesichtsschädels, die in einer Ordnung der Säugetiere, wie z. B. in der der sogenannten Zahnarmen (bei den Faultieren einer- und bei den Ameisenfressern anderseits), ganz bedeutend sein können, beruhen wesentlich auf seiner Längenentwickelung, von der man ganz im allgemeinen wohl zugeben kann, daß sie um so beträchtlicher wird, je tiefer wir von den Affen in die Reihe der Säugetiere hinabsteigen: der psychische Teil des Schädels tritt immer mehr auf Kosten des physischen, des bestialischen zurück. Der Hirnteil ist bei ausgewachsenen Individuen stets eine allseitig geschlossene Kapsel, die bloß von Austrittsöffnungen für Nervenstränge (einschließlich des Rückenmarks) und Blutadern und von den Eintrittslöchern für ernährende Schlagadern durchbrochen und vom Gehirn völlig ausgefüllt ist. Die Augenhöhlen liegen nur bei den Affen nach vorn, bei den anderen Säugetieren aber immer nach den Seiten gerichtet.

Wagerechte Gliedmaßen sind 2 Paare vorhanden, von denen das hintere bei Walen ganz verkümmert und äußerlich nicht sichtbar ist. Meist ist eine oft weitgehende Arbeitsteilung in der Thätigkeit des vorderen und hinteren Paares eingetreten, die ihren Bau um so mehr verändernd beeinflußt, je größer sie ist. Im allgemeinen läßt sich wohl sagen, daß das hintere mehr der plumpen Ortsbewegung dient, das vordere aber, das unter dem Bereiche der Augen und des Mundes seines Inhabers liegt, auch feinere Bewegungen auszuführen hat: viele Tiere drücken ihre Nahrung mit ihnen beim Fressen auf den Boden fest (z. B. der Hund) oder führen sie gar damit zum Munde (Affen, Halbaffen, Wickelbären, Kusus), benutzen sie, und oft mit großer Virtuosität (Bären), zum Schlagen (Katzen), zum Graben (Maulwürfe, viele Nager ꝛc.) und Scharren (Hunde, Katzen ꝛc.); gewisse Affen (Orang Utans, Paviane) verstehen zu werfen, und die Organisation ihrer Vorderpfoten befähigt sie sogar dazu, ein gut Teil von dem, was der Mensch mit seinen Händen ausführt, nachzuahmen. Bei den Fledermäusen dienen die zu großen, häutigen Flügeln umgebildeten vorderen Extremitäten ausschließlich zur Ortsbewegung, die kurzen hinteren aber in der Ruhe als Henkel, an denen sie, im Winterschlaf monatelang, sich aufhängen. Je mehr die Ansprüche, die an die Thätigkeit beider Gliedmaßen gestellt werden, miteinander übereinstimmen, desto ähnlicher werden sie sich in ihrer Organisation sein, am meisten bei Lauf- und Wandeltieren, wie es Wiederkäuer, Pferde, Schweine, Elefanten, Nashörner, Flußpferde ꝛc. sind. Bei Säugetieren, die sich springend bewegen, sind die hinteren Gliedmaßen, besonders in der Muskulatur der Schenkel, sehr stark entwickelt und oft beträchtlich verdickt (Hasen, Springmäuse, Rohrrüßler und vor allen Känguruhs). Die Säugetiere treten entweder mit ganzer Sohle (als Plantigraden: typisch die Bären) oder mit halber (als Semiplantigraden: Marder ꝛc.) oder mit den Zehen (als Digitigraden: Hunde, Katzen, Wiederkäuer) oder endlich mit der Spitze einer Zehe (als Unguligraden: Pferde) auf.

Jede Gliedmaße besteht aus 2 Hauptabschnitten: einem inneren, der sich mit dem Rumpfskelett unmittelbar verbindet, und einem äußeren, freien, der am Rumpfe pendelt. Die inneren Skelettteile der vorderen Gliedmaßen bilden zusammen den Schultergürtel, der ursprünglich aus drei getrennten Stücken jederseits besteht: dem Schulterblatt, dem Schlüsselbein und dem Rabenbein. So hat sich das Verhältnis aber nur bei den Kloakentieren erhalten, wo thatsächlich ein Rabenbein, wohl auch hinteres Schlüsselbein genannt, als besonderer Knochen vorhanden ist und das Schulterblatt mit dem Brustbein verbindet. Bei den übrigen Säugetieren ist das Rabenbein verkümmert und bildet, mit dem Schulterblatte verschmolzen, einen einfachen Fortsatz desselben. Auch das Schlüsselbein verbindet das Schulterblatt mit dem Brustbeine, fehlt aber häufig oder ist nur als sehniger, höchstens irgendwo in seinem Verlaufe ein kleines Knochenkörperchen bergender Strang entwickelt. Das ist da der Fall, wo die Bewegungen der Gliedmaßen einfach und im wesentlichen gleichartig sind (bei Walen, Raub- und Huftieren). Der äußere Abschnitt der vorderen Extremität besteht aus 3 Teilen, die nach dem Vorgange der menschlichen Anatomie als Oberarm, Unterarm und Hand zu bezeichnen sind. Es ist ein Oberarmbein jederseits vorhanden, dem in typischen Fällen 2 Unterarmbeine, Speiche und Elle folgen. Das Knochensystem der Hand ist am verwickeltsten: es besteht aus 2 Reihen Handwurzelknochen und aus den Gliedern der 5 Finger. Die beiden inneren Abschnitte der hinteren Gliedmaßen bilden zusammen das, bei Walen fast völlig verkümmerte, Becken und verbinden sich auf der Rückenseite innig mit einer Anzahl Wirbeln, die das Kreuzbein darstellen, und stoßen vorn in der Mittellinie in der Schambeinfuge, bisweilen auch noch in einer Sitzbeinfuge zusammen. Jede Beckenhälfte besteht ursprünglich aus 3 Stücken: dem oben nach hinten gelegenen Darmbein, dem oben und nach vorn gelegenen Schambein und dem nach unten gelegenen Sitzbein; von allen drei Knochen beteiligen sich Stücke an der Bildung der Pfanne, in der der Gelenkkopf des Oberschenkels spielt. Bei den Kloaken- und Beuteltieren sitzt dem Vorderrande des Beckens an jeder Seite noch ein Knochen, richtiger ein verknöcherter Teil einer Bauchmuskelsehne, auf, der Beckenknochen, der sich andeutungsweise auch bei einigen anderen Säugetieren findet.

Der äußere Abschnitt der hinteren Gliedmaßen besteht jederseits gleichfalls aus 3 Teilen: Oberschenkel, Unterschenkel und Fuß, der sich seinerseits aus 2 Unterteilen, der Fußwurzel und den 5 Zehen, zusammensetzt. Vor der Verbindungsstelle, in der der Oberschenkel und der aus Schien- und Wadenbein bestehende Unterschenkel winkelig zusammenstoßen und das Knie bilden, liegt meist ein runder, platter Knochen, die Kniescheibe.

Diese typischen Verhältnisse erfahren indessen in beiden Extremitätenpaaren mannigfache und teilweise sehr bedeutende Umbildungen, die sich von ihrem obersten Abschnitte zum untersten häufen. Die Länge des Oberarm- und Oberschenkelknochens steht in der Regel im umgekehrten Verhältnis zur Länge der Hand- und Fußwurzel, und der Unterarm und Unterschenkel sind meist länger als der Oberarm und Oberschenkel. Wenn Elle und Speiche wohl entwickelt sind, kann sich diese um jene drehen, was bei einigen Beuteltieren auch das Wadenbein um das Schienbein zu thun vermag. Meist aber sind Speiche und Wadenbein rudimentär und verwachsen mit der Elle und dem Schienbeine. Hand und Fuß zeigen nun die größten Modifikationen: sie treten am stärksten zur Außenwelt in Beziehung und müssen daher auch am stärksten den Einflüssen der Anpassung unterliegen. Daß die Säugetiere in verschiedener Art auftreten, sahen wir schon, aber außerdem vermindert sich die Zahl der Finger und Zehen, und zwar verschwinden zuerst die innersten, dann die äußersten, darauf die zweiten und endlich die vierten, so daß unter Umständen bloß die mittelsten völlig, die zweiten und vierten nur als die rudimentäreren, oberen Teile der Mittelhand- und Mittelfußknochen, als Griffelbeine übrigbleiben (bei den Pferdeformen).

Die Körperhaut und ihre Gebilde sind bei den Säugern gleichfalls großen Verschiedenheiten unterworfen und bedingen oft ihre äußere Körpergestalt sehr wesentlich mit, wie z. B. bekanntlich ein glatt geschorener Schnurenpudel ganz anders aussieht als ein behaarter.

Die Haut selbst besteht aus zwei Schichten: aus der Unter- oder Lederhaut und aus der Oberhaut; jene ist, und oft in sehr hohem Grade, auf dem ganzen Körper oder an gewissen Stellen, besonders an den Sohlen der Füße, derb und dick, diese ist nur zart. In die Lederhaut dringen außer Gefäßen auch Nerven ein, die sie zum Sitze des Tastsinnes machen, und sie ist mit den darunter gelegenen Muskelpartien durch lockere, oft ganz beträchtlich fettreiche (Thran der Wale) Bindegewebsmassen verbunden. Auf der Oberseite der als Gürteltiere bekannten zahnarmen Säuger verknöchert sie und bildet Panzer, und auch die Geweihe der hirschartigen Wiederkäuer gehen, soweit sie abgeworfen werden, aus Hautverknöcherungen hervor. Gebilde der Oberhaut sind die Hornscheiden der Stirnzapfen bei den hohlhörnigen Wiederkäuern, die Hörner der Nashörner, die Schuppen der Schuppentiere, der Schnabel der Schnabeltiere, der Schwanzstachel des Löwen, die Nägel, Krallen, Klauen der Zehen und besonders die Haare, die bei Insektenfressern (gewöhnliche Igel und Madagaskarigel), Nagern (Stachelschweinen) und Kloakentieren (Ameisenigel) zu Stacheln sich steigern können.

Die Nägel, von denen man flache Plattnägel und gewölbte Kuppnägel unterscheidet, decken die freien Enden der Zehen oben und stehen nur wenig über ihre Spitzen hervor und dienen wesentlich zum Schutz, doch auch zum Kratzen. Gebogene spitze und scharfe Krallen besitzen Klettertiere (Eichhörnchen, Faultiere, Marderformen u. a. m.), Grabtiere (Maulwürfe), Bären und Dachse zum Wurzelausscharren, Ameisenfresser, Gürteltiere, Erdferkel, Ameisenigel zum Öffnen der Ameisen- und Termitenhaufen, katzenartige Raubtiere ꝛc. als Waffen. Die paarhufigen und unpaarhufigen Säugetiere haben zum Schutz der Zehen Hufe, bei Pferden verstärken sie auch die Gewalt der Tritte der als Waffe dienenden Beine.

Die Haare fehlen keinem Säugetiere völlig; bei Walen finden sich nur einige wenige an den vorderen Teilen des Kopfes, auch bei Elefanten, Nashörnern und Flußpferden stehen sie sehr vereinzelt, und bei Gürtel- und Schuppentieren sind sie sehr zurückgedrängt. Selten hat eine Säugetierart eine ganz gleichmäßige Behaarung; meist finden sich gröbere längere und weichere kürzere Haare, die in der Regel durcheinander stehen, doch können sich die längeren als Mähnen, Schwanzquasten, Kopfschöpfe ꝛc. auf gewisse Stellen beschränken. Bei einigen auf lockerem Sand oder Schnee hausenden ist die seitliche Behaarung der Füße verlängert, so daß die Tiere nicht einsinken. Im Pelz vieler in gemäßigten und kalten Gegenden wohnenden Säuger zeigen die Wollhaare periodische Wechsel, indem sie sich gegen den Winter hin vermehren, gegen den Sommer hin aber wieder vermindern. Die Farbe der Säugetierhaare ist immer schlicht: schwarz, bräunlich, gelblich bis ins rötliche, grau oder weiß. Nur bei den südafrikanischen Goldmullen schillern sie. Der grünliche Ton, den die struppige Behaarung der Faultiere zeigt, beruht auf der Gegenwart von in den Haaren schmarotzenden Algen. Selten ist ein einzelnes Haar durchaus gleichmäßig gefärbt, mindestens ist sein Wurzelteil heller; doch gibt es auch gebänderte, wie es bekanntlich auch die Stacheln der Stachelschweine sind. Daß die ganze Behaarung eines wilden Tieres auf dem ganzen Körper gleichmäßig gefärbt ist, gehört zu den Ausnahmen (Maulwurf, Eisbär, Winterbalg des Schneehasen, Eisfuchses, Hermelins und Wiesels 2c.), in der Regel ist wenigstens die Unterseite etwas heller als die Oberseite, selten ist das Umgekehrte der Fall (Hamster, manche Individuen des gemeinen Fuchses). Zeichnungen, bedingt durch gruppenweise zusammenstehende Haare verschiedener Färbung, sind keine Seltenheit, sie erscheinen als Längs- und Querstreifen, um den Schwanz auch als Ringel, als Tupfen, Flatschen (Giraffe) und Ringflecke (verschiedene Katzenarten). Selten ist bei wilden Säugetieren die Zeichnung asymmetrisch und größeren individuellen Unterschieden unterworfen, doch kommt auch das vor (z. B. bei den Kusus, vielen Seehunden, dem Hyänenhund). Geschlechtsunterschiede in der Färbung des Haarkleides finden sich gleichfalls nur sehr vereinzelt, solche in seiner partiellen Längenentwickelung (Mähne des Löwen, Mantel des Mantelpavians 2c.) kommen öfters vor. Altersunterschiede sind nicht selten, wobei die jungen Tiere bisweilen Zeichnungen aufweisen, die den Erwachsenen fehlen (Streifung der jungen Löwen, Wildschweine, Fleckung der jungen Pumas, Damhirsche 2c.). In der Regel sind junge Tiere heller als alte, doch tritt gelegentlich auch das Gegenteil auf (z. B. ist unser Fuchs in der Jugend rauchfarbig, schwarzgrau).

Bemerkenswert ist der schon angeführte periodische Farbenwechsel der Haare mancher Säugetiere: im Herbst färbt sich der Sommerbalg in weiß um, und ein neuer weißer Unterbalg wächst hinzu, im Frühling gehen beide nach und nach verloren, und stellt sich statt ihrer der dunklere Sommerbalg nach und nach ein.

Kahle Hautstellen finden sich an der Schnauze und auf der Sohle, bez. an den Zehenspitzen; bei vielen Wiederkäuern, am stärksten beim Kamel, verdicken sich die letzteren zu wahren Polstern. Bei manchen Affen ist auch das Gesicht kahl oder doch nur mit sehr kleinen Härchen bewachsen, desgleichen ein Teil der Hinterbacken, und gerade bei diesen Tieren können die betreffenden Stellen eine lebhafte, blaue und rote Färbung annehmen.

Bei einer Reihe von Säugetieren bildet die Haut Falten. Der männliche, alte Orang Utan hat sehr beträchtliche Hautvorsprünge an den Wangen, die weiblichen Beuteltiere haben am Unterleib eine taschenartige Hautduplikatur zur Aufnahme der Jungen; das Schwanzende der Wale bildet durch seitliche Hautverbreiterungen eine wagerechte Flosse, manche dieser Tiere haben außerdem auch noch eine senkrechte Rückenflosse. Bei gewissen Eichhörnchen und Beuteltieren ist eine ansehnliche Hautfalte an den Seiten des Rumpfes zwischen den Gliedmaßen vorhanden, die beim Flattermaki sehr breit wird, den Schwanz mit einschließt und sich vom Handgelenk nach dem Halse zu fortsetzt. Am großartigsten entwickelt treten derartige Hautfalten als Flughaut bei den Fledermäusen auf. Eine Anzahl an das Leben im Wasser angepaßter Säugetiere (Biber, Fischotter, Seehund, manche Rassen des Haushundes, am stärksten das Schnabeltier) haben Hautfalten zwischen den Zehen und verschiedene Fledermäuse, abgesehen von der an und für sich sehr großen Ohrmuschel, noch Hautvorsprünge vor derselben und auf der Nase. Besonders ansehnlich sind die Ohrmuscheln sonst noch bei solchen Säugern, die große, baumlose Flächen bewohnen (Wüstenfuchs, Hasen, Antilopen, Wildpferde), und bei verschiedenen, ein mehr nächtliches Leben führenden (Mäuse, Fingertier). Bei dem nordamerikanischen Sternmaulwurf hat die Schnauze vorn eine Anzahl im Kreise stehender Anhänge.

Die Oberhaut der meisten Säugetiere vermehrt stellenweise ihre Oberfläche nach unten zu durch in die Lederhaut eindringende Schläuche und Säcke, die als Schweiß- und Talgdrüsen besondere Stoffe abscheiden, aber keineswegs scharf voneinander getrennt werden können. Die Schweißdrüsen sondern wie die Nieren überschüssige und schädliche Substanzen aus dem Blute ab, die Thätigkeit der Talgdrüsen aber ist eine höchst verschiedene. Sehr allgemein sind sie zahlreich und klein und fetten die Haut und die Haare, an deren Wurzel sie ausmünden, ein.

Sie können aber auch an gewissen Stellen eine ansehnliche Größe erreichen und ganz andere physiologische Bedeutungen haben. Modifizierte Talgdrüsen sind die den Säugetieren ohne Ausnahme zukommenden Milchdrüsen, die einzigen zu jener Drüsengruppe gehörigen Hautdrüsen der Faultiere und die einzigen Hautdrüsen der Wale überhaupt. Die Milchdrüsen sind Drüsenpakete, die stets in symmetrischer Anordnung auf der Unterseite, selten (Pekari) höher hinauf an den Rumpfseiten, über den Achselgruben (Stachelschwein) oder gar (Sumpfbiber) auf dem Rücken gelegen sind und in der Regel auf oder in einem kegelförmigen Hautfortsatze (der Zitze), der von den Jungen beim Saugen in das Maul genommen wird, münden. Bei den Kloakentieren sind es Schweißdrüsen, und sie münden in Taschen, in die die Jungen den Kopf stecken, so daß sie eigentlich nicht zu saugen, sondern die durch eine eigene Muskulatur aus den Milchdrüsen in die Taschen gepreßte Milch aufzuschlürfen scheinen. Die Zahl und besondere Lage dieser Drüsen ist sehr verschieden: jene richtet sich einigermaßen, aber durchaus nicht genau, nach der Zahl der zu ernährenden Jungen, diese nach der Bewegungsart der Mutter. Das ursprünglichste Verhältnis ist, daß sie in zwei Reihen, gewissermaßen als Drüsenleisten, entlang des größten Teils der Unterseite verlaufen, so daß es Brust-, Bauch- und Leistenzitzen gibt, wie bei den Madagaskarigeln, bei denen ihre Zahl 22 ist. Sonst entwickeln sich bloß gewisse Abschnitte der Drüsenleisten als Brust-, Bauch- oder Leistenzitzen: so haben die Schweine 4 bis 12, die Spitzmäuse 8 bis 10 Bauchzitzen, da der vorderste und hinterste Abschnitt der Drüsenleiste nicht zur Entwickelung kommen. Bloß Brustzitzen haben die meisten Halbaffen (2 Paar), Biber, Sirenen, Elefanten, Fledermäuse, Affen und der Mensch (je 1 Paar). Die Hirsche, Kamele, Rinder und viele Antilopen haben 2 Paar, andere Antilopen, Ziegen, Schafe, Pferde, Tapire, Nashörner und das Flußpferd ein Paar Leistenzitzen.

Modifizierte und zum Teil sehr bedeutend vergrößerte Talgdrüsen finden sich im äußeren Gehörgang (Ohrenschmalzdrüsen), in den Augenlidern, am äußeren, bez. hinteren Augenwinkel (Thränendrüsen) oder am inneren (Elefanten), bez. vorderen (in den Thränengruben der Hirsche und verschiedener Antilopen im männlichen Geschlechte), an den Backen (andere Antilopen), hinter den Hörnern (Brunstfeigen der männlichen Gemsen), an den Kiefern (manche Fledermäuse und Nager), am Kinn (Zwerghirsche). Bei männlichen Fledermäusen kommen umstülpbare Drüsensäcke an den Wangen, der Nase, dem Unterkiefer und der Kehle vor. Zwei Paar große Talgdrüsen liegen beim Kamel hinten auf dem Hals, eine einzige beim Pekari in der Mitte des Rückens, in der Umgebung des Afters (als „Viole" bei den Füchsen, bei dem Wychocholj, den Rohrrüßlern), im After selbst (bei Stinktieren, marderartigen Raubtieren, Hunden, Katzen, enorm groß bei Hyänen), unterhalb des Afters (Viverren, ansehnlich und in einer tiefen Tasche beim Zibettier), in Verbindung mit den Geschlechtsorganen (gering entwickelt sehr allgemein, vergrößert beim Biber und der Bisamratte), weit hinten am Bauch (beim Moschustier), in der Leistengegend (viele Wiederkäuer), an den Brustseiten (Spitzmäuse), unten und vorn am Halse, am hinteren Ende des Oberarms oder am Ellbogen (bei ausländischen Fledermäusen). Bei Hirschen finden sich in der Nähe des Fußgelenkes Felder mit vergrößerten Talgdrüsen und mit etwas größeren Haaren besetzt (die sogenannten Bürsten). Große Hautdrüsen haben die Nashörner über der Hand- und Fußwurzel an der Beugeseite. Viele, besonders in Herden und auf trocknem Terrain lebende Wiederkäuer haben in dem Spalt zwischen den Klauen eine Drüse, die sogen. Klauen- oder Fährtendrüse.

Die Bedeutung dieser Talgdrüsen ist, soweit sie eben nicht Milchdrüsen sind, verschieden: viele, besonders wenn sie nur den männlichen Individuen zukommen oder bei ihnen stärker entwickelt sind, stehen offenbar mit dem Geschlechtsleben, als auf die weiblichen Individuen reizend wirkend, in Verbindung und sondern demgemäß ihre riechenden Sekrete in der Brunstzeit ausschließlich oder am stärksten ab. In anderen Fällen (Stinktiere, Spitzmäuse) dienen sie dazu, die Feinde vom Leibe zu halten, oder Gelenke 2c. besonders ausgiebig zu salben; die Klauendrüsen haben wahrscheinlich die Funktion, einen Geruch abzusondern, der die versprengten Mitglieder einer Herde wieder zusammenführt.

In der Lederhaut der Säugetiere treten zweierlei Arten von in ihr entspringenden und in ihr sich wieder ansetzenden Muskeln auf: solche, die von dem Willen des Inhabers nicht abhängen (glatte), und solche, die wohl von ihm abhängig sind (quergestreifte). Die ersteren, nur kleine, setzen sich an die Wurzelscheide der Haare und ziehen sich in Reaktion auf äußere

Einflüsse (Kälte, Zorn, Schreck) zusammen, senken gewisse Hautpartien (Gänsehaut) und sträuben die Haare (zornige Hunde). Die willkürlichen Muskeln der Haut bilden größere Massen und bewegen die Haut (sehr deutlich beim Pferde zu sehen) im ganzen oder gewisse Teile ihrer Anhangsgebilde (entlang der Mitte des Halses und des Rückens ꝛc.). Auch die, bei Affen besonders wohl entwickelten, das Mienenspiel verursachenden Gesichtsmuskeln gehören zum größten Teil in die Reihe der Hautmuskeln.

Die Haut der Säugetiere ist auch die Trägerin von Sinnesorganen, besonderer Nervenendigungen, der Tastkörperchen, die sich stellenweise (Fingerspitzen und Lippenränder der Affen, Flughäute nebst Ohren- und Nasenanhängen der Fledermäuse, Schnauze vieler Insektenfresser und der Schweine, Rüsselspitze der Elefanten, Schwanzspitze amerikanischer Affen ꝛc.) sehr stark häufen können. Oft stehen die Wurzeln besonders kräftig entwickelter Haare (Spürhaare) mit solchen größeren Tastkörperchen in Verbindung (Raubtiere, Nager ꝛc.).

Das **Maul** der Säugetiere ist mit wenig Ausnahmen von weichen Lippen umgeben, und der meist ein System von Querfalten zeigende Hautüberzug des Gaumens verlängert sich meist als Gaumensegel oder weicher Gaumen nach hinten, bildet hier aber nur selten (bei Affen) ein Zäpfchen. Von der Mundhöhle aus treten gelegentlich (bei Nagern, Affen u. a. m.) beutelartige Ausstülpungen in die Backen (Backentaschen).

Die Zunge der Säugetiere ist, abgesehen davon, daß sie Sitz des Geschmacksinnes ist und vielfach auch als Tastorgan funktioniert, wesentlich behilflich, die Nahrungsbissen im Maule zurechtzuschieben, doch dient sie gelegentlich auch zur Zuführung von Flüssigkeiten als eine Art Löffel (Hunde beim Saufen) oder als Saugapparat (blutsaugende Fledermäuse); bei den Rindern, bei denen sie auf der Oberfläche zottig rauh ist, drückt sie die abgebissenen Pflanzenteile gegen den Gaumen, und die Giraffe bedient sich ihrer als Greiforgan, um Baumzweige damit zu fassen und abzureißen. Bei manchen, wesentlich von Ameisen oder Termiten lebenden Tieren ist sie wurmartig, lang und dünn und stellt, mit klebrigem Speichel überzogen, eine Leimrute dar (Ameisenfresser, Ameisenigel).

Das **Gebiß** der Säugetiere ist sehr mannigfaltig, und die Zähne sitzen im Unter-, Ober- und Zwischenkiefer, aber nie in den Gaumen- und Flügelbeinen. Die Kloakentiere, verschiedene zahnarme Säuger und die Bartenwale haben keine Zähne. Selten sind die Zähne unter sich von gleichartiger Beschaffenheit, in der Regel sind sie zufolge von Arbeitsteilung verschiedenartig, und meist lassen sich Schneide-, Eck-, vordere und hintere Backenzähne unterscheiden. Mit wenig Ausnahmen werden sie einmal im Leben, in der Jugend, gewechselt. Die Zahl der Zähne und der einzelnen Zahnformen ist sehr verschieden, aber mit seltenen Ausnahmen (Narwal) treten sie, ihrer bilateral-symmetrischen Anordnung entsprechend, in geraden Zahlen auf. Schneidezähne kann es geben 0—8 in jeder Reihe, Eckzähne nie mehr als 2, und die Backenzähne sind in sehr schwankender Zahl vorhanden. Die Durchschnittszahl der Zähne des ganzes Gebisses ist etwa 36 oder 38, am zahlreichsten sind sie bei Delphinen (bis 200) und Gürteltieren (bis 100). Die Zahlen, in denen die verschiedenen Zahnarten bei den verschiedenen Gattungen der Säugetiere auftreten, geben ein zwar richtiges, früher aber überschätztes Merkmal für ihre künstliche Einteilung ab. Man redet von Zahnformeln, in denen die Zahl der Zähne im Ober- und Unterkiefer einer Seite von innen nach außen gerechnet wird. Die Zahnformel des Menschen ist z. B. $\frac{2.1.5.}{2.1.5.}$, d. h. der Mensch hat oben und unten jederseits 2 Schneide-, einen Eck- und 5 (2 vordere und 3 hintere) Backenzähne, also zusammen 32 Zähne. Gelegentlich kommen im Gebiß in der Gestalt und Größe (Elefanten, Walrosse, Schweine ꝛc.) oder in der Zahl (Hakenzähne der Hengste und männlichen Hirsche) der Zähne Geschlechtsunterschiede vor.

Im wesentlichen richtet sich die Beschaffenheit des Gebisses der Säugetiere nach der Art ihrer Nahrung und nach der Weise, wie sie sich dieselbe beschaffen. Die Nahrung wird entweder ausschließlich dem Tier- oder dem Pflanzenreiche entnommen, oder setzt sich aus tierischen und pflanzlichen Bestandteilen in verschiedenen Verhältnissen zusammen. Ausschließlich tierische Kost genießen die Hunde, Katzen (die Gewohnheiten der Haustiere in dieser Beziehung kommen hier nicht in Betracht), Marder, Otter (meist Fische), Seehunde (meist Fische), Hyänen (meist Aas), Wale (Fische und kleinere Seetiere, doch auch ihresgleichen), Fledermäuse und Insektenfresser (Insekten, erstere gelegentlich auch Blut von Säugetieren und Vögeln), die Ameisenfresser, Erdferkel, Gürtel- und Kloakentiere ꝛc. Reine Vegetarier sind die Wiederkäuer (mit seltenen Ausnahmen, wie Lemminge fressende Renntiere), Pferde, Elefanten, Nashörner, Flußpferde, Tapire, viele Nager (z. B. Hasen und Biber), die Sirenen (Tang), die fliegenden Hunde (Früchte) u. a. m. Die übrigen Säugetiere fressen sowohl tierische als pflanzliche Stoffe, meist mit Bevorzugung der einen oder der anderen, oft nach Gelegenheit der Jahreszeit.

Die weiteren Organe der Verdauung und die des Kreislaufes zeigen gar keine Komplikationen, die in der äußeren Körperbeschaffenheit ihren Ausdruck fänden, die des Atmungsapparats nur wenige, seinen vorderen Abschnitt betreffende und auf das Geschlechtsleben zurückführbare. So entwickelt sich bei männlichen Hirschen in der Brunftzeit eine Art Kropf; die alten männlichen Orang Utans haben am Kehlkopf große, unter der Brust sich hinziehende seitliche Hautsäcke, und bei den männlichen Brüllaffen ist der Körper des Zungenbeins zu einer großen, auch äußerlich sich verratenden Knochenblase aufgetrieben. Einige Säugetiere (Wale, viele Beuteltiere ꝛc.) sind völlig stumm, aber die meisten haben zwar charakteristische, aber selten melodische Stimmen von oft beträchtlicher Macht und Fülle, die sie besonders in der Zeit der Brunst hören lassen. Nur von einem Affen wissen wir, daß er im männlichen Geschlechte wirklich singt: es ist das der braune Gibbon (Hylobates agilis), der Ungkaputi der Javaner.

Vom Nervensystem ist nur zu erwähnen, daß das Gehirn eine sehr schwankende, relative Größe und eine sehr verschiedene Entwickelung der Oberfläche der Hemisphären hat, die man sogar zur systematischen Einteilung hat benutzen wollen: man unterscheidet gyrencephale Säuger, deren Großhirn oben Windungen hat, und lyssencephale, bei denen es glatt ist. Zu den letzteren gehören Fledermäuse, Insektenfresser, Nager, Zahnarme, Beuteltiere und Kloakentiere. Die beiden letzten Klassen unterscheiden sich auch noch dadurch von allen übrigen Säugetieren, daß bei ihnen die beiden Hemisphären unten nicht durch eine Querbrücke, den Balken, verbunden sind. Sie werden deshalb als Lyencephalen oder Lockerhirnige bezeichnet.

Die Sinne und die Sinnesorgane sind bei den Säugern sehr ungleichartig entwickelt. Das Sehvermögen scheint nur selten ein sehr hervorragendes und unter allen Umständen ein mit dem der Vögel nicht vergleichbares zu sein. Die Augen fehlen nirgends, sind aber bei gewissen unterirdisch lebenden Formen nur schwach entwickelt. Ihre Größe steht zu der des Körpers in keinem bestimmten Verhältnis. Die Elefanten haben relativ viel kleinere Augen als die Mäuse, und die größten finden sich bei Formen mit nächtlichen Gewohnheiten, besonders bei kleinen Halbaffen. Die Pupille hat meist eine runde Gestalt; bei solchen Säugetieren aber, die sowohl am Tage wie in der Nacht thätig sind, in der Regel eine schlitzförmige; sehr groß ist sie bei rein nächtlichen. Die Durchschnittsfarbe der Regenbogenhaut ist braun, zeigt aber allerlei Übergänge bis zum Schwefelgelb einer- und bis zum Lauchgrün anderseits. Die Aderhaut enthält in ihrem hinteren Abschnitte nicht immer Farbstoff, sondern zeigt bisweilen einen starken metallischen Glanz und reflektiert in der Dunkelheit die wenigen vorhandenen Lichtstrahlen stark, wodurch das bekannte, besonders bei Raubtieren sehr allgemein verbreitete Leuchten der Augen zu stande kommt.

Bei einer Anzahl von Säugetieren, besonders bei Herdentieren und bei sich von diesen ernährenden Raubtieren, ist der Geruchssinn so hoch entwickelt, daß wir Menschen uns keinen rechten Begriff von ihm zu machen vermögen. Die innere Oberfläche der Nase ist durch die kolossale Entwickelung der in sich aufgerollten Muscheln ganz beträchtlich vergrößert, und oft sind mit den Nasenhöhlen noch bedeutende, in den umgrenzenden Knochen gelegene Höhlungen verbunden. Bei den Walen ist das Geruchsorgan verkümmert. Manche tauchende Säugetiere haben Klappen, mit denen sie ihre Nasenlöcher zu verschließen im stande sind.

Der Gehörsinn scheint bei den Säugetieren fast immer gut, unter Umständen sogar ganz ausgezeichnet entwickelt zu sein, und nicht wenige Formen zeichnen sich durch große schallauffangende und durch besondere Hautmuskeln leicht und nach allen Seiten hin bewegbare Ohrenmuscheln aus. Solche Säuger, die im Wasser oder in der Erde leben, haben keine äußeren Ohren, und ihre Hörfähigkeit ist gewiß nur gering entwickelt. Wahrscheinlich werden sie weniger mittels der Gehörorgane in dem Sinne hören wie wir, als vielmehr die Erschütterungen des Bodens oder des Wassers, in dem sie leben, empfinden und so die Gegenwart oder das Nahen von Feinden oder Beutetieren gewahr werden. —

Aus dem bis jetzt Ausgeführten geht hervor, daß der äußere Gesamthabitus der Säugetiere wesentlich auf der Lebensweise, auf der Art der Bewegung und der Ernährung beruht.

Da ist es überraschend zu sehen, wie dann, wenn dieselbe bei sehr verschiedenen Säugetieren nahezu die gleiche ist, sie diesen Tieren auch eine große äußere Ähnlichkeit angezüchtet hat. Fliegende Eichhörnchen und Flugbeutler, Mäuse und Zwergbeutler sind ohne nähere Untersuchung nicht in ihren großen systematischen Unterschieden zu erkennen. Die Flossenfüßer bestehen sicher, die Wale wahrscheinlich aus zwei nicht näher miteinander verwandten Gruppen. Nebenher ist auch das Geschlechtsleben häufig von nicht geringem Einfluß auf die Gestalt der Säugetiere, und die beiden Geschlechter können sich demzufolge ganz bedeutend unterscheiden; immer aber erscheint unter solchen Umständen das männliche als das bevorzugtere.

Die sogen. sekundären Geschlechtscharaktere haben mit der Vermehrung der Tiere unmittelbar gar nichts zu thun, desto mehr aber mittelbar. Sie laufen darauf hinaus, daß sie entweder auf die Sinnlichkeit der weiblichen Individuen einwirken oder deren Erlangung erleichtern oder endlich die Bekämpfung etwaiger Nebenbuhler ermöglichen. Nur sehr selten sind die besonderen Eigenschaften der Männchen derart, daß sie auf Ohr und Auge der Weibchen wirken können, wohl aber auf ihr Geruchsorgan. Hierin liegt ein bedeutender Unterschied in dem Geschlechtsleben der Säugetiere und dem der Vögel, bei denen die sekundären Geschlechtscharaktere ausschließlich auf körperlicher Schönheit und musikalischen Leistungen beruhen, niemals aber die Entwickelung besonderer Gerüche und besonderer, riechende Stoffe abscheidender Drüsen umfassen. Die den männlichen Individuen zukommenden besonderen Eigenschaften finden sich fast ausschließlich bei in Vielweiberei lebenden Säugetieren (Wiederkäuern, Robben, Affen).

Unterschiede in der Körpergröße der beiden Geschlechter sind in der Regel vorhanden, meist sind sie indessen nur gering; nur bei einigen Robbenarten, dem Seeelefanten und dem Seelöwen, sind sie so beträchtlich, wie sie sonst nur bei Insekten vorzukommen pflegen. Viel weiter verbreitet ist unter den männlichen Säugetieren der Besitz von Schutz- und besonders von Trutzwaffen, durch den sich in erster Linie die Wiederkäuer auszeichnen.

In der Brutpflege leisten die Säugetiere und namentlich die männlichen nicht sehr Hervorragendes, wenn die weiblichen auch zärtliche Mütter sind. Die Väter trachten ihren Kindern nicht selten nach dem Leben (Nager). Die Beuteltiere tragen ihre Jungen in einer Bauchtasche, die amerikanischen, die Opossums, auf dem Rücken mit sich herum, bei den Fledermäusen und Faultieren klammern sie sich an der Behaarung der Brust fest, und die Äffinnen schleppen sich lange mit ihnen. Die Frischgeborenen werden in der Regel sauber geleckt und gereinigt. Eigentlicher Nestbau im Interesse der Nachkommen ist bei den Säugetieren sehr selten (bei einigen Nagetierarten kommt er vor); manche Weibchen scharren sich Gruben oder Höhlungen, in denen sie hecken. Auch sonst sind die Kunsttriebe der Säuger nur gering: die Orang Utans und Schimpansen bauen sich Schutzdächer, manche Raubtiere, Insektenfresser und Nager (namentlich der Hamster) graben sich ziemlich verwickelte Wohnhöhlen. Nur die Biber stehen als Baumeister auf einer höheren Stufe.

Die Zahl der Jungen, die die Säugetiere auf einmal werfen, steht in der Regel zu ihrer Körpergröße in umgekehrtem Verhältnis: sehr große werfen nur eins, ebenso die Affen, die bei ihrer Lebensweise und der Gewohnheit, ihre Nachkommen bei sich zu führen, nur schwer mit zwei würden zurechtkommen. Auch die Fledermäuse, obwohl kleine Tiere, haben wohl kaum je mehr als 2 Junge, und auch für sie wäre eine größere Zahl nicht wohl zulässig. Am fruchtbarsten sind die Nager und die Insektenfresser; die ersteren hecken mehrere Male im Jahre und werden sehr zeitig fortpflanzungsfähig, was bei ihrer Schwäche und bei den zahlreichen Gefahren, denen sie ausgesetzt sind, eine Notwendigkeit und bei ihrer geringen Körpergröße eine Möglichkeit ist. Wenn Hausschweine gelegentlich bis 20 Junge werfen, so ist das eine Ausnahme und eins der vielen abnormen Verhältnisse, die bei Haustieren vorkommen.

Viele Säugetierarten leben in größeren (Rinder, Antilopen, Seehunde und Robben) oder kleineren (Affen, Wildziegen, Gemsen, Hirsche, Pferde, viele Nager u. a. m.) Gesellschaften oder thun sich gelegentlich zu solchen zusammen (Wölfe, um gemeinsam zu jagen, Fledermäuse, um zu übernachten und zu überwintern). Manche kümmern sich um ihresgleichen nur in der Brunstzeit (Maulwurf, Hamster), verlassen einander aber nach derselben sofort wieder und führen ein einsiedlerisches Leben. Bei anderen in Monogamie lebenden Formen scheint eine Art Bund der Geschlechter für Lebenszeit zu existieren (Löwen, Tiger, Bären u. a. m.).

In der Klasse der Säugetiere sind Formen, die ein rein nächtliches Leben führen, selten,

Fledermäuse, verschiedene Halbaffen, Insektenfresser und Beuteltiere ausgenommen; auch ausschließliche Tagtiere sind in ihr nicht allzu häufig, die meisten ihrer Mitglieder sind am Tag und in der Nacht thätig, die einen mehr an jenem, die anderen mehr in dieser.

Bemerkenswerte Anpassungen an die Jahreszeiten kommen bei Säugern vor; so ist besonders der Winter- und Sommerschlaf hierher zu rechnen. Während die Tiere mit wechselwarmem Blute fast ausnahmslos in Erstarrung fallen, wenn die Temperatur der Umgebung unter einen gewissen Grad gesunken ist, und dieser Vorgang in der physiologischen Beschaffenheit ihrer Natur begründet ist, liegt bei gleichwarmen Tieren, also bei Säugern und Vögeln, die Sache ganz anders: wenn über Fledermäuse und gewisse Nager in kälteren Gegenden im Winter ein rein lethargischer Zustand kommt, so ist die Kälte unmittelbar nicht daran schuld.

Es ist gewiß eine auffallende Erscheinung, daß Fledermäuse, Igel, Hamster, Ziesel, Murmeltiere einen Winterschlaf halten, die kleinen Spitz- und Feldmäuse aber nicht. Der Grund liegt darin, daß die letzteren entweder Allerleifresser (Mäuse) sind, oder überall herumsuchend in und über der Erde ihre Nahrung zu finden wissen. Die Fledermäuse leben hauptsächlich, ja fast ausschließlich von fliegenden Insekten, die es im Winter nicht gibt, die betreffenden winterschlafenden Nager aber von Feldfrüchten oder von Kräutern und Wurzeln, die im Winter entweder nicht vorhanden sind, oder zu denen sie, wenn Schnee liegt und der Boden festgefroren ist, nicht gelangen können. Auch der Sommerschlaf, der bei verschiedenen Säugetieren (Insektenfressern und Nagern) warmer, besonders afrikanischer Länder vorkommt, ist auf Nahrungsmangel und nur auf ihn zurückzuführen.

Der Winterschlaf tritt übrigens bei verschiedenen Säugetieren in verschiedenen Graden auf: am tiefsten und mit weitgehenden physiologischen Veränderungen verbunden ist er bei Zieseln und Murmeltieren, etwas weniger tief bei Fledermäusen, dem Dachs und dem Igel, die sich bei eintretender wärmerer Witterung auch während des Winters im Freien zeigen. Auch der braune Bär und der Hamster sind keine Winterschläfer strengster Observanz, denn damit ließen sich die Thatsachen nicht in Übereinstimmung bringen, daß die Bärin mitten in der kalten Jahreszeit wirft und der Hamster den Winter über von seinen im Herbst eingetragenen Vorräten frißt. Manche Formen (Eichhörnchen) verschlafen im sicheren Verstecke die grimmigsten, kältesten und schneereichsten Wintertage, verfallen deswegen aber noch in keinen Winterschlaf.

Gewisse Säugetiere unternehmen zu bestimmten Zeiten größere oder kleinere Wanderungen. So ziehen sich Gemsen und Renntiere im Herbst im Gebirge tiefer herab und steigen im Frühling wieder in die Höhe; ähnlich wandern nördliche Fledermäuse von Norden südwärts, um in weniger kalten Gegenden ihren Winterschlaf abzuhalten; die Herdentiere Afrikas sind in einer fortwährenden, durch jeweilig lokal mangelnde oder vorhandene Nahrung bedingten Bewegung. Manche Seesäugetiere, sowohl Wale wie Robben, unternehmen weite Reisen, namentlich um an geeigneten Stellen das Wochenbett abzuhalten. Außer diesen regelmäßig wiederkehrenden Wanderungen gibt es noch ab und zu, in ganz unregelmäßigen Zwischenräumen auftretende, die besonders bei Nagetieren (Lemmingen, Wanderratten, Eichhörnchen) durch Übervölkerung und Nahrungsmangel veranlaßt werden. In nördlichen Teilen der Erde streichen in sehr strengen Wintern größere Raubtiere oft sehr weit, aber ohne bestimmte Richtungen einzuhalten, nach Beute herum.

Die geographische Verbreitung der einzelnen Ordnungen der Säugetiere, deren Verhältnisse hier nur angedeutet werden können, ist eine sehr ungleichmäßige, und diese Erscheinung beruht auf verschiedenen Ursachen, die wesentlich durch die im Laufe der Zeiten stattgefunden habenden klimatischen und geologischen Veränderungen der Oberfläche der Erde, zum Teil aber auch durch die eigene Natur, namentlich durch die größere oder geringere Anpassungsfähigkeit der Tiere selbst bedingt worden sind und bedingt werden. Säugetiere, die, wie die Fledermäuse, durch die Art ihrer Ortsbewegung kaum an die Scholle gebunden sind, vermögen selbstverständlich Orte, wie z. B. entlegene Inseln &c., zu erreichen, die für andere Formen nur durch günstige Zufälligkeiten (etwa durch die Dazwischenkunft des Menschen bei Ratten und Mäusen) zugänglich werden.

Es gibt keine über die ganze Oberfläche unserer Erde verbreiteten Tiere überhaupt, geschweige denn Säugetiere. Zunächst müssen wir unter diesen schon einmal landbewohnende, wasserbewohnende und amphibische Formen unterscheiden. Ausschließlich Bewohner des

Wassers, hauptsächlich des Meeres, doch in einzelnen Fällen auch tropischer Flüsse, sind die Wale; amphibische Formen finden sich in Abstufungen; mehr an das Wasser gebunden sind die Sirenen, Robben, Seehunde und Walrosse, weniger der Eisbär, die Fisch- und Seeotter, der Wychochol, der Biber, die Zibetratte, das Wasserschwein, das Flußpferd, das Schnabeltier u. a. m., noch weniger die Wasserratte ꝛc. Die weitaus größte Mehrzahl der Säugetiere sind Landbewohner, von denen viele gelegentlich wohl einmal in das Wasser gehen, ohne damit ein unumgänglich notwendiges Bedürfnis zu befriedigen, andere aber verlassen freiwillig nie den trocknen Boden.

Selbstverständlich hat ein jedes größere Gebiet der Erde seine eigene Säugetierfauna, aber die Verschiedenheiten dieser Faunen unter demselben Breitengrade nehmen zu, je mehr wir uns, vom Nordpol kommend, dem Südpol nähern.

Um den Nordpol herum enthält die Säugetierfauna in den europäischen, asiatischen und amerikanischen, bez. grönländischen Gebieten fast durchaus die gleichen Bestandteile: Eisbär, Polarfuchs, Polarhase, Renntier, Lemmingarten. Südlicher finden sich auch noch viele gleiche Arten, aber meist doch schon mit geringen Modifikationen (vikariierende Formen): Luchs, Bär, Wolf, Vielfraß, Biber, Elentier, Wisent, bez. Büffel ꝛc. Je weiter man aber nach Süden gelangt, desto mehr schwinden die Übereinstimmungen der Elemente der Säugetierfaunen, und desto selbständiger sind sie entwickelt. Die Ursache hiervon ist, daß einmal die Lebensbedingungen äquatorwärts immer mannigfacher werden, dann aber auch, daß im Süden die Lage der Kontinente nebst den von ihnen abhängenden Inseln immer isolierter, daß ein Austausch der Mitglieder ihrer Säugetierfaunen immer schwieriger und schließlich zur Unmöglichkeit wird.

Zufolge des Isoliertseins und zufolge der großen Verschiedenheiten der Existenzbedingungen auf den einzelnen weitgetrennten Landmassen des südlichen Teiles der Erdkugel müssen sich hier in langer Zeit Formen, deren Vorfahren einander noch ziemlich nahe standen, immer mehr durch Sonderanpassungen voneinander entfernt und einen immer selbständigeren Charakter gewonnen haben.

Wo indessen größere Ländergebiete in Zusammenhang getreten sind, hat seit je ein Austausch der Faunen stattgefunden, und dieser Austausch ist um so größer, je länger die Verbindung besteht. Ja es kann vorkommen, daß Säugetiere in einem Gebiete, in das sie erst später eingedrungen sind, sich gehalten haben, in früher betretenen Gebieten aber verschwunden sind.

In dieser Beziehung ist Afrika von hohem Interesse. Ein Teil von dem, was wir jetzt das kontinentale Afrika nennen, bildete einst mit Madagaskar, den Maskarenen und Teilen von Indien einen Kontinent. Dieser Kontinent sank, und seine höchsten Teile blieben als Inseln eines großen Archipels zurück mit einer eigenen charakteristischen Fauna. Das versunkene Land hob sich wieder mitsamt seiner Fauna, und die Inseln traten zu einem neuen Kontinent zusammen, aber nicht alle, z. B. Madagaskar und die Maskarenen nicht. In dieses große, aus einem Archipel neu entstandene Land wanderten aus nördlichen und nordöstlichen Gegenden, mit denen jenes in Verbindung getreten war, Tiergestalten ein, deren Wiege zum Teil weit im Nordosten gestanden hatte, in Nordamerika, das durch eine Landbrücke mit Asien im Zusammenhang gewesen war. So erschienen auf afrikanischem Boden: Affen, Katzen, Hyänen, Hunde, Marder, Pferde, Nashörner, Wiederkäuer, Elefanten, Maulwurfsratten, Springmäuse, Siebenschläfer, Eichhörnchen, Stachelschweine, Hasen und Edentaten. Diese neu eingewanderte Säugetierfauna, deren Bestandteile in den alten nördlichen und nordöstlichen Wohnstätten zum großen Teil ausstarben, mischte sich der ursprünglichen auf den Inseln des früheren Archipels vorhanden gewesenen bei. Auf die Inseln dieses Archipels, die sich, wie Madagaskar und die Maskarenen, an der Hebung nicht beteiligt hatten oder wenigstens nicht in dem Grade, daß sie den neuentstandenen Kontinent mit bilden helfen konnten, vermochten diese späteren Eindringlinge nicht zu gelangen. Daß aber die Vorfahren dieser einst ein gutes Stück von Europa bewohnten, dafür sprechen ihre hier erhaltenen Reste.

Ähnlich wie die Verhältnisse zwischen der Säugetierfauna Nordasiens, Europas, Afrikas einerseits und Madagaskars nebst den Maskarenen anderseits, liegen sie zwischen der Nordamerikas, Südamerikas und der der westindischen Inseln. Seitdem die beiden großen jetzigen neuweltlichen Kontinenthälften sich verbunden haben, findet ein lebhafter Austausch ihrer Faunen herüber und hinüber statt, an dem das altertümliche Westindien unbeteiligt bleibt. Hier fehlen

Spitzmäuse, Katzen, Hunde, Marder, Waschbären, Schweine, Wiederkäuer, Eichhörnchen, Baumstachelschweine und Hasen, die in der Gegenwart in Nord- und Südamerika Vertreter haben, aber in dieses erst nach Zustandekommen der Verbindungsbrücke aus jenem werden eingewandert sein.

Die Verhältnisse des kontinentalen Amerika sind auch noch in anderer Beziehung tiergeopraphisch lehrreich, da wir aus ihnen entnehmen können, wie in der Richtung der Längengrade gelegene hohe Gebirge (die Kordilleren-Andenkette) die Verbreitung der Tiere zu vermitteln vermögen. Solche Gebirge werden auch zwischen den Wendekreisen in ihren höheren und höchsten Lagen ein gemäßigtes, selbst ein kaltes Klima besitzen. Nehmen sie nun, wie das bei dem Rückgrate des amerikanischen Kontinents der Fall ist, weit in Norden und Süden in kälteren Gegenden ihren Anfang, so werden ihnen Tiere, die an solche Verhältnisse angepaßt sind, bis unter den Äquator, ja bis über ihn hinaus folgen können, nur daß sie die untere Grenze ihrer vertikalen Verbreitung immer höher legen müssen, wenn sie die entsprechenden Lebensbedingungen finden wollen. So dringen Säugetierformen des südlichen gemäßigten Tieflandes als Gebirgstiere weit äquatorwärts vor (Lamas, verschiedene Nager) und ebenso solche von Norden her.

Hohe mit den Meridianen verlaufende Gebirge sind, wie sehr große Ströme, Wüsten und vor allen Dingen Meere, Schranken für die Verbreitung der Säugetiere.

Während die Kontinente von Amerika, Asien, Europa und Afrika nebst den ihnen angegliederten kontinentalen Inseln im Lauf der Zeiten mannigfache Schicksale durchlaufen haben, jetzt gehoben, jetzt gesenkt waren, und sich in ihren einzelnen Teilen mannigfach untereinander verbanden und diese Teile wie die Blätter im Kartenspiele sich bald so, bald so zu einander und miteinander gruppierten, beharrte Australien nebst den Papuainseln und Molukken und mehr noch Neuseeland isoliert, in einem Stillstande. Wenn sich hier Säugetiergestalten im Laufe der Zeiten änderten, so vollzog sich diese Änderung im eigenen, engeren Hause, ohne wesentliche Beeinflussung von außen: Australien mit seinen Beuteltieren ist auf einer altertümlichen Stufe stehen geblieben. Wir wissen, daß die Beuteltiere in der Vorzeit eine viel weitere Verbreitung besaßen als jetzt, aber sie gingen außerhalb Australiens und der ihm benachbarten Inselwelt, mit Ausnahme der Opossums, entweder im Kampf ums Dasein spurlos zu Grunde, oder es entwickelten sich aus ihnen im Laufe der Äonen nach und nach die übrigen Säugetierformen. Einst muß ein Meer von bedeutender Breite und stellenweise bedeutender Tiefe zwischen dem indischen und australischen Gebiete gewesen sein, dessen Reste nach Erhebung von Inseln an beiden Seiten die sehr tiefe Lombokstraße und die Makassarstraße sind.

Für den ersten Augenblick befremdlich erscheinen eine Reihe mehr oder weniger weit voneinander getrennter Vorkommensherde von Familien, Gattungen und selbst Arten der Säugetiere. In allen diesen Fällen muß man annehmen, daß einst eine länger, manchmal (Mönchsrobbe in der Adria und im Meerbusen von Mexiko) vielleicht auch nur kürzer dauernde unmittelbare oder mittelbare (Einwanderung) Verbindung zwischen den betreffenden Bewohnern dieser Punkte bestand. So finden sich Bartenwale bloß in den gemäßigten Meeren beider Erdhälften; Borstenigel (Centetidae) bewohnen ausschließlich Madagaskar und einige westindische Inseln, die Tapire die Gebirge von Zentralamerika und Sumatra nebst Malakka, die Achtzähner (Octontidae, eine Nagetierfamilie) Südamerika einschließlich Westindien sowie Nordwest- und Ostafrika, die Schrotmäuse (Echimyidae) Südamerika und Südafrika, die Zwerghirsche (Tragulidae) Indien nebst den großen Sundainseln und Westafrika, die Wychocholj (Myogale) in einer Art die Flüsse des südöstlichen Rußland und in einer anderen die der Pyrenäen; Schneehasen finden sich in den europäischen Hochgebirgen und zirkumpolar im Norden.

Hier auf die Beziehungen der Säugetiere der Vorwelt zu denen der Gegenwart einzugehen, verbietet uns der Raum und der Plan dieses Buches.

I. Unterklasse:
Eierlegende Säugetiere (Ootoca).

I. Ordnung: Kloakentiere (Monotremata).

Die Kloakentiere nähern sich durch eine Reihe altertümlicher Wirbeltiercharaktere den Reptilien und entfernen sich dem entsprechend von den übrigen Säugetieren.

Zunächst haben sie, wie Vögel und Reptilien, eine Kloake, d. h. die Afteröffnung und die Öffnungen der Harn- und Geschlechtsorgane sind nicht wie sonst bei den Säugern durch den sogen. Damm oder das Mittelfleisch voneinander getrennt, liegen vielmehr in einer gemeinsamen Tasche. Eine Gebärmutter ist nicht vorhanden. Die Milch absondernden Hautdrüsen sind nicht wie bei anderen Säugetieren modifizierte Talg-, sondern Schweißdrüsen, bilden keine Zitze und haben keine Saugwarzen, sie münden vielmehr jederseits mit zahlreichen Öffnungen in einem Porenfeld der auch hier mit Haaren bedeckten Haut; der Saugmechanismus der Jungen ist noch nicht bekannt.

Diese kommen als Frühgeburten, wenn man will als Eier, auf die Welt, d. h. der Embryo steht erst im Anfange seiner Entwickelung, und der Nahrungsdotter ist, wie bei Vögeln und Reptilien, sehr groß. Eine eigentliche, harte Schale haben diese Eier nicht, sie sind lediglich von den Häuten umgeben. Zur Zeit der Fortpflanzung entwickeln sich neben den Milchdrüsen zwei Hautfalten, die sich aneinander legen und eine Art Tasche bilden, in die die Eier aufgenommen werden, und in denen sie sich weiter entwickeln.

Die Kloakentiere haben im ausgebildeten Zustande keine Zähne und keine Lippen, ihre Kiefer sind vielmehr mit hornigem Epithel überzogen. Eine echte Vogeleigenschaft ist darin zu sehen, daß die Knochen des Hirnschädels zeitig zu einer nahtlosen Kapsel verwachsen. Auch haben sie, wie die Vögel und Reptilien, zwei Paar Schlüsselbeine, es ist nämlich bei ihnen außer den vorderen eigentlichen Schlüsselbeinen noch ein zweites Paar entwickelt, das bei anderen Säugetieren das Brustbein nicht erreicht, sondern rudimentär bleibt und, mit dem Schulterblatt zeitig verwachsend, seine Selbständigkeit als Knochen einbüßt und nur einen Fortsatz des Schulterblattes, den Rabenschnabelfortsatz, bildet.

Wie bei den Beuteltieren verknöchern die unteren Partien der schrägen Bauchmuskeln und sind als sogen. Beutelknochen etwas beweglich mit dem Vorderrande des Beckens verbunden. Die Augen sind klein, und äußere Ohren fehlen vollkommen. Die Hautbedeckung besteht aus Haaren (beim Schnabeltier) oder aus diesen und Stacheln (bei Ameisenigeln). Die Männchen haben an den Hinterfüßen neben den Fersen eine dornartige Klaue, die von einem Kanal, dem Ende des Ausführungsganges einer besonderen Drüse, durchbohrt ist. Das Sekret dieser Drüse ist nicht, wie man früher meinte, giftig, und der Apparat stellt keine Waffe dar, dient vielmehr höchst wahrscheinlich als ein Reizorgan bei der Paarung, da die weiblichen Individuen an den entsprechenden Stellen eine Grube haben, in die der betreffende Nagel der Männchen hineinpaßt. Bemerkenswert, weil an ähnliche Verhältnisse bei Vögeln erinnernd, ist auch die Thatsache, daß der rechte Eierstock und der rechte Eileiter nur schwach ausgebildet sind und kaum funktionieren dürften. Das Gehirn der Kloakentiere ist nur sehr gering entwickelt, und ihre Bluttemperatur ist auffallend niedrig (28° Celsius).

Der Körper der Monotremen ist ziemlich flach gedrückt, die Beine sind sehr niedrig und nach außen gewendet, so daß die Tiere, um Bekanntes zum Vergleich heranzuziehen, einigermaßen den Habitus von Maulwürfen haben. Ihre Körpergröße ist unbedeutend.

Der schwachen Entwickelung des Gehirns entsprechen die geringen geistigen Fähigkeiten der Kloakentiere. Sie bewohnen den Kontinent von Australien, Tasmanien und Neuguinea, und ihre drei Arten bilden zwei Familien.

1. Familie: **Ameisenigel** (Echidnidae). Der Körper der Ameisenigel ist mit Stacheln bedeckt, neben denen indessen auch Haare vorhanden sind, die bei einer Art (Echidna Bruynii

von Neuguinea) das Stachelkleid derart überwuchern, daß es nicht sichtbar ist. Die Zehen sind getrennt und, besonders die zweite und dritte der Hinterfüße, mit starken, großen Grabnägeln versehen. Die Schnauze bildet einen spitzen, etwas abgeflachten Schnabel, an dessen Ende die sehr kleine Mundöffnung sich befindet, durch die die sehr lange, wurmförmige, mit klebrigem Speichel überzogene Zunge tritt. Die wesentlich nächtlichen Tiere leben von Insekten und zwar hauptsächlich von Ameisen. Sie besitzen eine große Fertigkeit, sich einzugraben, rollen sich bei drohender Gefahr, wenn sie nicht entfliehen können, zusammen und bilden dann eine unangreifbare Stachelkugel.

Die bekanntere Art (Echidna aculeata) bildet drei Unterarten oder Lokalrassen: den sehr wenig behaarten Papuanischen Ameisenigel (Echidna aculeata Laweri, S. 57) vom südöstlichen Neuguinea, den viel stärker behaarten Tasmanischen (Echidna aculeata setosa) und den mit gering entwickeltem Haarkleide versehenen Australischen (Echidna aculeata typica oder hystrix) vom Kontinent von Australien und der südlich von ihm gelegenen Gruppe der Känguruhinseln.

2. Familie: **Schnabeltiere** (Ornithorhynchidae). Diese Familie umfaßt bloß eine Gattung und eine das kontinentale Australien und Tasmanien bewohnende Art (Ornithorhynchus paradoxus, S. 57), die sich durch den Bau ihres Körpers als ein wesentlich an ein Leben im Wasser angepaßtes Säugetier ausweist. Die 5 Zehen der vorderen und hinteren Gliedmaßen sind durch Schwimmhäute verbunden, die an den vorderen sogar über die Nägel hervorragen, aber sich, da sie sehr biegsam sind, beim Graben, das diese Tiere meisterlich verstehen, zurückschieben, und der, bei alten Individuen unten fast kahle Schwanz ist breit abgeflacht und hinten ziemlich plötzlich abgestutzt. Die Hautbedeckung besteht aus einem sehr weichen und dichten, seidenartigen Unterpelz von gräulichbrauner Farbe, in dem dunkelbraune grobe Grannhaare stecken. Die verbreiterten, abgeplatteten Kiefer sind mit einer Hornhaut umgeben, die, ganz wie bei einer Ente, am Oberkiefer über den Unterkiefer vorsteht und in letzterem mit Papillen versehen einen Seihapparat darstellen, durch den das mit der Nahrung aufgenommene Wasser abfließt. Nach hinten setzt sich die Schnabelhaut in eine frei vorspringende, schildartige Falte fort. In jeder Hälfte des Ober- und Unterkiefers hat das Schnabeltier zwei eigentümliche Verdickungen des Hornepithels, die eine Art von Zähnen darstellen; die vorderen sind lang, schmal und scharfkantig, die hinteren breit und abgeflacht. Die jugendlichen Individuen haben acht unregelmäßig rundliche und höckerige echte Zähne.

Das Schnabeltier gräbt sich an den Ufern träge fließender, vegetationsreicher und stark beschatteter Flüsse Höhlungen mit einem unter und einem über dem Wasserspiegel befindlichen Ein-, bez. Ausgang. Es sucht seine aus wasserbewohnenden Kerbtieren und Mollusken bestehende Nahrung wesentlich in der Dämmerung. Das ganze kontinentale Australien und Tasmanien ist die Heimat dieses seltsamen Wesens.

II. Unterklasse: Lebendiggebärende Säugetiere (Zootoca).

A. Tribus: Aplacentalia.

1. Ordnung: Beuteltiere (Marsupialia).

Die Beuteltiere bilden eine in sich wohl abgeschlossene Ordnung, deren einzelne Familien sehr stark differenziert eine den anderen Säugetieren teilweise parallele Reihe bilden: es gibt unter ihnen raubende Fleischfresser, pflanzenfressende Nageformen und Grasfresser, Nachttiere und Tagtiere, laufende, springende, kletternde und grabende Formen, aber keine fliegenden und einseitig an ein Wasserleben angepaßten.

Die Weibchen haben am Bauch eine Hautfalte, die meist die Form einer nach vorn oder hinten offenen Tasche oder eines Beutels hat, selten nur durch zwei einfache nebeneinander gelegene Hautfalten vertreten wird. Zwei Beutelknochen, ganz von der Art wie bei den Kloakentieren, dienen diesem Apparate zur Stütze. In ihm befinden sich die Zitzen, an die sich die von der Mutter nach der Geburt mit dem Maule hinein praktizierten Jungen sofort festsaugen, und an denen sie festhängend einen großen Teil ihrer embryonalen Entwickelung durchlaufen.

Die Jungen der Beuteltiere kommen nämlich als sehr wenig ausgebildete Embryonen auf die Welt, die des bis 1,60 m langen Riesenkänguruhs sind beispielshalber nur etwa 2 cm lang, werden bloß 4 Wochen von der Mutter getragen und haben bei der Geburt noch stummelartige Gliedmaßen und einen kurzen Schwanz. Selbstverständlich sind sie nackt und blind. Sie entwickeln sich nur aus dem Materiale des Nahrungsdotters; die Beuteltiere sind, wie verschiedene Reptilien, ovovivipar, d. h. sie brüten ihre Eier gewissermaßen im Körper aus. Die Jungen scheinen weniger zu saugen als aktiv von der Mutter ernährt zu werden, deren Milchdrüsen mit willkürlichen Muskeln umgeben sind, durch deren Zusammenziehungen den Jungen die Milch in das Maul gespritzt wird. In dem Beutel bleiben die Jungen lange Zeit (6 bis 8 Monate), anfangs an den Zitzen festgesogen, bis ihre Gliedmaßen und Sinneswerkzeuge sich entwickelt haben, dann verlassen sie die Zitze und kehren nur gelegentlich zu ihr zurück, endlich verlassen sie auch zeitweilig den Beutel, den sie aber noch lange bei drohenden Gefahren oder bei dem Bedürfnis nach Nahrung und Ruhe wieder aufsuchen. Man will sogar beobachtet haben, daß weibliche Beuteltiere, die selbst schon Junge im Beutel trugen, noch bei ihrer Mutter wenigstens saugten.

Über den äußeren und inneren Körperbau der Beuteltiere läßt sich wenig allgemein Gültiges sagen. Am Skelett ist vielleicht noch zu bemerken, daß der Winkel des Unterkiefers (mit Ausnahme des Taït oder Tarsipes) einen nach innen vorspringenden, hakenförmigen Fortsatz hat. Alle besitzen vier, wenn auch sehr verschiedene, so doch immer gut gebildete Gliedmaßen und die zwei gewöhnlichen Schlüsselbeine. Das Gehirn ist nur schwach entwickelt, entbehrt des die Hemisphären des Großhirns bei anderen Säugern verbindenden Balkens und des mit ihm verbundenen durchscheinenden Schieds (septum pelucidum), doch sind bei manchen Formen die Windungen des Großhirns ausgeprägter und zahlreicher als bei gewissen zahnarmen Säugern oder Insektenfressern, und dürften jene wohl auch geistig höher stehen als diese.

Die Beuteltiere sind geologisch die ältesten Säugetiere, die wir kennen, und sie waren in der Vorwelt über den größten Teil der Erde verbreitet, schon im Trias von Nordamerika und Europa finden sich ihre Reste. Während sie aber im Lauf der Zeiten fast allenthalben ausgestorben sind, bez. sich zu höheren Säugetierformen entwickelt haben, sind sie in zwei Gebieten der Erde als Beuteltiere erhalten geblieben, in Amerika (die abweichenden Opossums) und in der australischen Region östlich von der Straße von Makassar auf Celebes, den Molukken, den Papuainseln, Neuguinea, Australien und Tasmanien, aber nicht auf den Inseln des Stillen Ozeans und Neuseeland.

1. Familie: **Opossums** (Didelphydae). Die Opossums oder Beutelratten sind kletternde Beuteltiere mit einem meist langen, halbnackten Wickel- oder Greifschwanz, mit fünfzehigen,

krallenbewehrten Füßen; nur an deren hinteren sind die nagellosen Innenzehen gegengesetzt und daumenartig entwickelt, was der Lebensweise entspricht. Die Tiere haben eine zugespitzte gestreckte Schnauze, kahle Ohren, ziemlich große Augen, ein dichtes, meist helles Wollvlies, zwischen dem einzelne, sehr lange, spröde Grannhaare stehen. Die Weibchen haben entweder einen nach vorn oder hinten aufstehenden Beutel oder statt seiner nur ein Paar Hautfalten. Die Äneasratte trägt ihre Jungen auf dem Rücken mit sich herum, und diese schlingen ihre Schwänze um den Schwanz der Mutter. Im Beutel stehen die Zitzen in einem Kreis, die Zahl der Jungen ist meist bedeutend (bis 16 Stück).

Das Gebiß ist ein Raubtiergebiß, und die Opossums leben auch wesentlich von Vögeln und deren Eiern sowie von anderen kleineren Wirbeltieren und Insekten, viele verschmähen aber auch den Genuß von Früchten nicht. Sie führen ihre Raubzüge nächtlich aus, klettern dabei zufolge des langen Wickelschwanzes langsam, aber sicher. Manche besitzen die Fähigkeit, sich einzurollen, ihre Stimme ist ein schwaches Grunzen oder Fauchen, in der Todesangst verbreiten sie einen sehr unangenehmen Geruch. In ihrer Körpergröße schwanken sie von 10 (Didelphys pusilla) bis 64 cm (Didelphys aurita).

Die Beutelratten bewohnen ausschließlich den Kontinent von Amerika vom 32. Grad nördlicher Breite im Osten bis zum 34. Grad und im Westen bis zum 42. Grad südlicher Breite. Ihre Hauptwohnstätte bilden die tropischen Urwälder. Die Zahl der Arten, auch der bekannten, läßt sich schwer feststellen, da hier die Ansichten darüber, was Art oder was Lokalrasse ist, sehr auseinander gehen.

Am zahlreichsten ist die Gattung der eigentlichen Opossums (Didelphys), von der das gemeine Opossum (Didelphys marsupialis, S. 58) am weitesten nach Norden geht; nur eine Art enthält die zweite Gattung Chironectes (variegatus, S. 58), das einzige Beuteltier, das einigermaßen dem Aufenthalt im Wasser angepaßt ist: es hat Schwimmhäute, Backentaschen und lebt von Fischen.

2. Familie: **Bandikuts** (Peramelidae). Die Bandikuts, Beuteldachse oder Nasenbeutler haben einen Nagetierhabitus, einen stark zugespitzten Kopf mit rüsselartiger Schnauze, große Ohren und einen mäßig langen Schwanz. Ihre hinteren Gliedmaßen sind nicht unbedeutend länger als die vorderen. Diese haben vorn 5 Zehen, von denen die 2. und die 3. groß und mit ansehnlichen Nägeln bewaffnet sind. An den Hinterfüßen fehlt die Innenzehe oder ist nur rudimentär; die 2. und 3. Zehe sind hier bis an die Nägel miteinander verwachsen und die 4. beträchtlich verlängert, die 5. wieder ziemlich verkümmert. Der Beutel der Weibchen steht nach hinten offen. Die Bandikuts graben sich Höhlen, leben gesellig und ernähren sich hauptsächlich von Insekten.

Sie sind nächtliche Tiere, bewohnen Australien, in einer Art auch Neuguinea und die Aruinseln. Eine der größten Formen ist der langnasige Bandikut (Perameles nasutus, S. 59) von Neusüdwales. Hierher gehört ferner der Stutzbeutler (Choeropus castanotis, S. 59) von Südaustralien.

3. Familie: **Raubbeutler** (Dasyuridae). Bei den Raubbeutlern sind die beiden Gliedmaßenpaare nahezu gleichlang, das vordere Paar hat 5, das hintere 4 oder 5 Zehen. Das Gebiß dieser Fleischfresser ist ein echtes Raubtiergebiß. Ihre Größe schwankt von der einer Maus bis zu der eines Wolfes. Sie bewohnen Australien, Tasmanien, Neuguinea und die umliegenden Papuainseln.

Der Beutelwolf (Thylacinus cynocephalus, S. 60) ist ein ansehnlicher Raubbeutler vom Habitus der Hunde, mit lockerem graubraunen, mit 12—14 dunkeln Querbinden gezeichnetem Pelz. Er ist ein nächtliches, in Höhlen hausendes Tier, das den Schafherden sehr gefährlich wird, und findet sich nur noch in den innersten, wildesten Teilen Tasmaniens.

Der Teufel (Sarcophilus ursinus, S. 60) ist das wildeste und wohl auch das abstoßendste Beuteltier, mit plumpem, nach hinten stark abfallendem Körper, unverhältnismäßig großem Kopf und kurzen starkkralligen Gliedmaßen. Er hat einen ziemlich buschigen Schwanz, breite abstehende, mäßig lange Ohren, kleine Augen und einen aus kurzen, groben Haaren bestehenden Pelz von schwarzer Farbe, nur mit einer weißen Binde über die Brust und den Unterhals. Das Tier bewohnt Tasmanien und ist ein kecker, nächtlicher Räuber. Auch die das südliche und westliche Australien bewohnende Tafa (Phascogale penicillata, S. 61) ist sehr räuberisch und wild.

4. Familie: **Ameisenbeutler** (Myrmecobiidae). Die Familie der Ameisen- oder Spitzbeutler besteht nur aus einer einzigen Gattung mit einer einzigen Art (Myrmecobius fasciatus, S. 61). Ihr Kopf ist spitz, die Beine sind mäßig hoch, die vorderen kräftigeren 5-, die hinteren schwächeren 4zehig. Die Zunge ist wurmförmig, lang und weit vorstreckbar, die Gesamtzahl der scharfen, spitzen Zähne ist sehr beträchtlich (54). Das Weibchen hat keinen Beutel. Die Farbe ist oben rostbraun und steigert sich entlang des Rückens zu schwarz, unten weißgelb. Quer über den Rumpf verlaufen 8 bis 9 weiße Querbinden. Das Tier bewohnt waldige Gegenden Süd- und Westaustraliens und lebt von Ameisen.

5. Familie: **Kletterbeutler** (Phalangistidae). Die Kletterbeutler sind nächtliche, von Pflanzen und zwar hauptsächlich von Früchten lebende Beuteltiere mit 5zehigen Hinterfüßen, die, da ihre nagellosen Innenzehen gegenständig sind, einen Greiffuß bilden. Die 2. und 3. Zehe sind hier verwachsen und zusammen nicht so stark wie jede einzelne der übrigen. Auch die Vorderfüße haben 5, aber ziemlich gleichmäßig entwickelte Zehen. Diese in ihren einzelnen Gattungen im übrigen recht verschiedenartig organisierte Familie der Beuteltiere hat ein sehr ausgedehntes Wohngebiet von Celebes im Westen bis Tasmanien im Osten.

Man kann die Familie der Kletterbeutler in 3 Unterfamilien zerlegen.

a) Unterfamilie: **Beutelbären** (Phascolarctinae) oder Koalos, sind sehr plumpe, großköpfige, schwanzlose Tiere und bilden nur eine Gattung mit einer Art (Phascolarctos cinereus, S. 62), an deren Vorderfüßen der Daumen und die 2. Zehe verwachsen sind und einen gemeinsamen Opponenten gegen die 3 übrigen Zehen bilden. Der Beutelbär, der übrigens Backentaschen hat, lebt paarweise in Ostaustralien und frißt nachts Baumblätter.

b) Unterfamilie: **Kuskuse** (Phalangistinae), bewohnen die Inseln von Celebes an östlich bis und mit Nordaustralien. Die echten Kuskuse (Phalanger) haben einen langen, nur an der Wurzel behaarten, starken Greifschwanz, einen weichen Pelz und als echte Nachttiere eine spaltförmige Pupille. Der Tüpfelkuskus (Phalanger maculatus, S. 62) hat einen gräulichgelben Pelz mit unregelmäßig verteilten dunklen Flecken. Bewohnt Neuguinea, Banda und Amboina.

c) Unterfamilie: **Flugbeutler** (Petaurinae), gleichen den fliegenden Eichhörnchen sowohl in Lebensweise als in Gestalt. Zwischen den Gliedmaßen spannt sich eine Seitenfalte als Flughaut, als deren Fortsetzung die meist lange seitliche Behaarung des starken Schwanzes betrachtet werden kann. So kommt ein Fallschirm zu stande, der die Tiere bei ihren Luftsprüngen in der Schwebe tragend erhält. Sie fressen nachts Blätter, Schößlinge, Blüten und Früchte, verschmähen aber auch Insekten, Eier und junge Vögel nicht. Eine sehr kleine Art ist die mit einer besonders breiten Flughaut und einem seitlich stark behaarten Schwanze ausgestattete, oben bräunlichgrau, unten weißlich gefärbte Opossummaus (Acrobates pygmaeus, S. 63) von Ostaustralien.

6. Familie: **Wombats** (Phascolomyidae). Die Familie der Wombats umfaßt eine Gattung (Phascolomys) mit 3 Arten von Dachsgröße und plumpem Baue. Der breitstirnige Kopf ist groß und dick, die kräftigen, gleichgroßen Gliedmaßen sind kurz und haben vorn und hinten Zehen, die mit Ausnahme der unbewehrten hinteren Innenzehen stark gekrümmte Nägel haben. In jeder Kieferhälfte steht, abgesehen von den 4 langen gebogenen Backenzähnen und einem Lückenzahn, ein breiter, vorderer Nagezahn. Die Tiere treten mit ganzer Sohle auf, haben einen rudimentären Schwanz, verschlafen den Tag in weitläufigen, selbstgegrabenen Höhlen und gehen nachts ihrer aus Wurzeln und Gras bestehenden Nahrung nach. Ihre Färbung ist ein düsteres Graubraun. Der breitstirnige Wombat (Phascolomys latifrons) bewohnt Südaustralien, eine andere Art (ursinus, S. 63) Tasmanien und die Inseln der Baßstraße.

7. Familie: **Maulwurfbeutler** (Notoryctrdae). Diese noch wenig gekannte und erst vor einigen Jahren entdeckte Familie umfaßt nur eine im wüstesten Innern des kontinentalen Australien hausende Gattung und Art (Notoryctes typhlops), die unterirdisch lebt, so groß wie ein Maulwurf ist, einen goldgelben, seidenartig glänzenden Pelz, rudimentäre Augen und sehr enge Ohröffnungen hat. Die Nase ist mit einer Art Hornschild bedeckt. Der kurze Schwanz ist nackt, in der Mitte am breitesten. Die Gliedmaßen sind kurz, die Füße eigentümlich verdreht. Die 1. und 2. Zehe der Vorderfüße haben schmale Nägel und sind von der 3., 4. und 5., von denen die beiden letzteren gewaltige schaufelartige Krallen tragen, durch einen tiefen Spalt getrennt. Die 5zehigen Hinterfüße sind nach innen gedreht, so daß die innerste Zehe nach außen liegt. Dem Mageninhalt nach ernähren sich die Tierchen von Ameisen.

8. Familie: **Springbeutler** (Macropodidae). Die Springbeutler oder känguruhartigen Beuteltiere sind meist von ansehnlicher Größe. Ihre hintere Körperhälfte übertrifft die vordere an Masse ganz bedeutend, einmal durch die starke Entwickelung der hinteren Gliedmaßen, die 5—6mal länger und entsprechend dicker und schwerer als die vorderen sein können, und zweitens durch den gewaltigen Schwanz, der die springende Bewegung der Känguruhs sehr wesentlich unterstützt und beim Sitzen neben den Hinterfüßen als dritter Stützpunkt dient. Die kurzen Vorderbeine werden nur beiläufig zur Ortsbewegung benutzt, am meisten noch bei den kletternden Formen der Baumkänguruhs.

An dem vorderen Fußpaare finden sich 5 ziemlich gleich große und mit starken, gekrümmten Krallen bewaffnete Zehen, an dem hinteren 4, aber sehr ungleichartig entwickelte. Die Innenzehe fehlt, die 2. und 3. sind klein und namentlich sehr dünn und verwachsen bis vorn an die Spitze miteinander, so daß sie scheinbar eine Zehe mit 2 Nägeln bilden. Die 4. Zehe ist sehr groß und mit einem hufartigen Nagel versehen, die 5. ist wieder schwächer entwickelt.

Im Oberkiefer sind 3 von innen nach außen an Größe abnehmende und im Unterkiefer 2 zugespitzte und gerade nach vorn stehende Schneidezähne. Die Backenzähne (in jeder Kieferhälfte oben und unten 5) haben lange, mit starken Querwulsten versehene Kauflächen und verraten die ausgesprochenen Pflanzenfresser. Der Zwischenraum zwischen ihnen und den Schneidezähnen ist bedeutend. Der Magen ist sehr groß, grimmdarmartig verlängert und besteht aus einer Anzahl hintereinander gelegenen Kammern oder Zellen. Der Beutel ist nach vorn offen.

Ihrer ganzen Organisation nach kann man die Känguruhs nicht unrichtig als die Vertreter der Wiederkäuer unter den Beuteltieren bezeichnen, die dabei aber doch auch wieder in vielen Punkten an die Hasen erinnern. Diese Familie ist die umfangreichste Beuteltierfamilie und umfaßt 56 Arten, die über die Papuainseln, Neuguinea, Australien und Tasmanien verteilt sind. Wir unterscheiden 2 Unterfamilien: echte Känguruhs und Känguruhratten.

a) Unterfamilie: **Echte Känguruhs** (Macropodinae). Die echten Känguruhs haben an allen Zehen der vorderen Gliedmaßen mittellange Nägel und graben nicht in der Erde. Ihre Bewegungen sind entweder, wenn es sich darum handelt, rasch vom Flecke zu kommen, ein Springen in langen Sätzen, wozu bloß Hinterbeine und Schwanz benutzt werden, oder aber beim ruhigen Weiden ein gemächliches Gehen, wobei sie die Vorderfüße aufstemmen und die Hinterbeine ruckweise nachziehen, so daß jene zwischen diesen zu stehen kommen.

Die Gattung Macropus, einschließlich Osphranter und Halmaturus, umfaßt 29 Arten, die das kontinentale Australien, Tasmanien und verschiedene benachbarte Inseln bewohnen. In diese Gattung gehören die mittelgroßen und sehr großen Arten, wie das Riesenkänguruh (Macropus giganteus). Die Felsen- oder Bergkänguruhs (Petrogale) haben dicht behaarte und an der Spitze buschige Schwänze, die sie beim Sitzen nicht als Stützen benutzen. Es sind nächtliche, am Tage in Höhlen versteckt lebende Tiere, die mit großem Geschick auf Felsen klettern. Sie bewohnen in 7 Arten das kontinentale Australien. Das gelbfüßige Bergkänguruh (Petrogale xanthopus, S. 64) findet sich in Neusüdwales. Die Baumkänguruhs (Dendrolagus) werden in 2 Arten in Neuguinea angetroffen. Bei ihnen ist das Mißverhältnis zwischen den hinteren und vorderen Gliedmaßen weniger groß, und sämtliche Zehen tragen sichelförmige Krallen. Die Tiere klettern sehr geschickt auf Bäumen, von deren Blättern sie sich ernähren. Das schwarze Baumkänguruh (Dendrolagus inustus, S. 64) ist die bekannteste Art.

b) Unterfamilie: **Känguruhratten** (Potorinae) sind von ziemlich geringer Größe und haben an den Mittelzehen der Vorderfüße große Nägel, die zum Graben von Höhlungen befähigen; ihre Bewegungen sind weniger springend als laufend. Die Opossumratte (Bettongia penicillata, S. 65) ist etwa so groß wie ein Kaninchen, aber kurzohrig und hat einen weichen, oben graubraunen, unten gelblichweißen Pelz. Sie macht sich Erdhöhlen, die sie mit Gras ausfüttert, zu Wohnstätten zurecht und bewohnt das kontinentale Australien. Die Känguruhratte (Potorous tridactylus, S. 65) hat einen zum Teil ganz nackten, zum Teil nur spärlich behaarten Schwanz, einen ziemlich langen, oben dunkelbraunen, unten gelblichweißen Pelz. Das nächtliche Tier gräbt sich gleichfalls Höhlen, die es mit Gras auspolstert, und findet sich in Südaustralien und Tasmanien.

B. Tribus: Placentalia.

Bei den beutellosen Säugetieren werden die Jungen auf einer viel höheren Stufe der Entwickelung geboren als bei den Säugetieren und sie ernähren sich eine verhältnismäßig nur kurze Zeit von der Milch der Mutter. Der Rest eines Beutels tritt in Gestalt von Hautfalten gelegentlich (z. B. bei Schafen) auf, bisweilen finden sich auch Spuren von Beutelknochen.

Dieser Tribus der Säuger ist weit höher differenziert als der der Beutler und umfaßt unter andern auch fliegende (Fledermäuse) und ausschließlich an ein Wasserleben angepaßte (Wale) Formen. Es ist sehr wenig wahrscheinlich, daß sich die zahlreichen und so verschieden organischen Ordnungen, in der er uns entgegentritt, aus einer einzigen beutellosen Ursäugetierform entwickelt haben sollten, es spricht vielmehr sehr vieles dafür, daß dieser Tribus in mehreren Zweigen aus dem der Beuteltiere hervorgegangen ist.

Die Zahl der lebenden Arten mag rund 2500, also etwa 18mal größer als die der lebenden Beuteltierarten sein. Sie bewohnen das Festland und die Meere vom Äquator bis weit über die Polarkreise hinaus und gehen in die Gebirge bis in die Regionen des ewigen Schnees. Auf Neuseeland und den Ozeanischen Inseln finden sich indessen nur Arten der flugfähigen Fledermäuse, während andere Säugetiere vom Menschen entweder absichtlich oder unabsichtlich (Mäuse, Ratten) eingeführt wurden.

Keine anderen Tiere haben seit je so bedeutend, wir können wohl sagen bestimmender, in das menschliche Treiben eingegriffen wie sie. Wo wäre die Menschheit ohne Haussäugetiere stehen geblieben?

1. Ordnung: Zahnarme Säugetiere (Edentata).

Die Edentaten sind eine altertümliche Säugetierordnung, deren jetzt lebenden einzelnen Familien jede für sich sehr eigenartig entwickelt sind und ohne verbindende Glieder in die Gegenwart hereinragen und dem entsprechend auch eine zerstreute geographische Verbreitung haben, indem sie auf die tropischen Gebiete der Alten und die tropischen und südlich subtropischen der Neuen Welt beschränkt sind, aber in Westindien, auf Madagaskar und in dem Inselgebiet östlich von Java sowie in Australien keine Vertreter haben.

Von allen Placentalsäugern stehen sie wohl am tiefsten, und ihr Gehirn ist dem entsprechend niedrig organisiert, namentlich entbehrt das Großhirn aller Windungen. Das Zahnsystem hat eine sehr verschiedene, aber immer altertümliche Bauart, aber die Bezeichnungen Zahnarme oder gar Zahnlose auf die ganze Ordnung anzuwenden, ist eigentlich nicht zulässig, da es neben Formen, die, wie die Ameisenfresser, allerdings ihre Zähne verloren haben, solche gibt (Priodontes), die bis 25 Zähne oben und unten in jeder Kieferhälfte haben. Schneidezähne fehlen fast immer, gelegentlich selbst die Zwischenkiefer, die sonst die Träger der oberen sind, und wenn solche Zähne, wie bei manchen Gürteltieren, vorhanden sind, zeichnen sie sich nicht durch besondere Bauart vor den Backenzähnen aus. Von diesen unterscheiden sich die gleichfalls nur sehr selten vorkommenden Eckzähne höchstens dadurch, daß sie etwas größer sind. Sehr charakteristisch für die Zähne der Edentaten ist es, daß sie nur aus Zahnbein und Zement bestehen, aber des Emails entbehren. Sie stehen einzeln, ohne sich zu berühren, sind cylindrisch oder prismatisch, und ihr einfaches Wurzelende ist hohl. Auch sind sie keinem Wechsel unterworfen, wachsen aber in dem Maße, wie sie abgenutzt werden, beständig nach.

Was die Hautbedeckung anlangt, so haben alle Ordnungen ansehnliche Krallen, im übrigen ist sie bei den einzelnen Familien außerordentlich verschieden, aber immer anders wie bei anderen Säugetieren. Die Haare sind eigenartig straff, trocken und hart, selten seidenartig weich, daneben finden sich bei den einen (Schuppentiere) der Oberhaut angehörige Hornschuppen, bei den anderen aus Verknöcherungen der Lederhaut hervorgegangene Tafeln (Gürteltiere). Gemeinsame Charaktere der weiteren Organisation sind nicht vorhanden.

Die Ordnung teilt sich in zwei Unterordnungen: in die der Scharrtiere und die der Faultiere.

A. Unterordnung: **Scharrtiere (Effodientia).** Die Scharrtiere haben eine verlängerte, spitze Schnauze, meist einen, oft sogar ansehnlichen Schwanz, kurze Beinpaare, von denen das hintere das längere ist, starke, zum Graben geeignete Nägel und leben von tierischer Kost, hauptsächlich von Insekten. Sie zerfallen in 4 Familien.

1. Familie: **Ameisenfresser** (Myrmecophagidae). Die Ameisenfresser haben keine Zähne, eine entweder sehr straffe, rauhe und lange oder eine kurze, mehr seidenartige Behaarung, eine sehr lange, röhrenförmige Schnauze, an deren Ende die sehr kleine Mundöffnung sich befindet, und die eine mit klebrigem Speichel überzogene wurmförmige, weit vorstreckbare Zunge enthält. Die Tiere bewohnen das waldige Südamerika östlich von den Anden von Honduras bis Paraguay. Sie fressen Ameisen und Termiten.

Der große Ameisenfresser (Myrmecophaga jubata, S. 66) hat an den hinteren Füßen, mit deren ganzer Sohle er auftritt, je 5 Zehen mit kurzen Nägeln, an den vorderen aber 4 mit sehr kräftigen, stark nach innen gekrümmten Klauen, die er beim Gehen nach innen, nach der Sohle zu, eingeschlagen trägt, so daß er nur mit deren äußerem Rand auftritt. Das rauhe, borstige Haar bildet am Hals und auf dem Rücken einen Kamm, an den Seiten aber einen Behang, der am Schwanze eine Länge bis zu 40 cm erreicht. Die Färbung ist ein unreines Aschgrau. Von der Kehle nach dem Becken zu verläuft ein schwarzer, hellgrau eingefaßter, sich hinterwärts stark verjüngender Streifen. Der Vorderarm hat eine schwarze Binde und schwarze Zehen. Die einzige Art der Gattung findet sich vom Karibischen Meerbusen bis zum La Plata.

Die Gattung Tamandua enthält 2 Arten, hat vorn nur 4 Zehen mit verhältnismäßig noch stärkeren Krallen und einen Greifschwanz. Hierher gehört Tamandua tetradactyla (S. 66).

Die Zwergameisenfresser (Cycloturus) umfassen auch 2 naheverwandte Arten und haben hinten 5, vorn 4 Zehen, aber nur an der 3. und besonders der 4. starke Krallen. Es sind nächtliche Tiere von der Größe der Eichhörnchen, die einen noch ausgesprocheneren Wickelschwanz haben und noch mehr an ein Baumleben als die Tamanduas angepaßt sind. Sie suchen die Nester baumbewohnender Ameisen auf. Cycloturus didactylus (S. 67) hat einen oben rotbraunen, unten grauen, dichten, weichen, seidenartigen Pelz und findet sich von Honduras bis Nordbrasilien.

2. Familie: **Schuppentiere** (Manididae). Die Schuppentiere sind gleichfalls zahnlos und haben auch eine lange, wurmförmige Zunge, aber ihre Körperbedeckung, die sich auf dem Rumpfe und Kopfe oben befindet, den Schwanz aber ringsum umgibt, besteht aus großen, von vorn nach hinten wie an einem Tannenzapfen sich deckenden Hornschuppen. Alle Füße haben 5 Zehen, die an den vorderen besonders starke Krallen haben, die beim Gehen eingeschlagen getragen werden. Die Schuppentiere rollen sich leicht ein und schlagen in eingerolltem Zustande den bisweilen verbreiterten Schwanz über den Kopf und die eingezogenen Beine weg. Sie bewohnen das kontinentale tropische Afrika, Indien, Südchina und die asiatische Inselwelt bis und mit Java und Formosa. Es sind nächtliche Tiere, die von Ameisen und Termiten leben. Die Gattung umfaßt 3 asiatische und 3 afrikanische Arten.

Temmincks Schuppentier (Manis Temminckii, S. 68) hat einen breiten, kurzen Rumpf und einen sehr breiten, hinten ziemlich plötzlich abgerundeten Schwanz. Die sehr großen, abgerundeten Schuppen stehen auf dem Rücken in 11 bis 15, im vorderen Teil des Schwanzes in 5 und im hinteren in 4 Längsreihen. Es bewohnt das ganze tropische Afrika von der West- bis zur Ostküste.

3. Familie: **Erdferkel** (Orycteropodidae). Diese kleine, bloß eine Gattung und 2 nahe verwandte Arten umfassende Familie ist in ihrem Vorkommen auf das kontinentale Afrika beschränkt, kommt im Norden nicht vor, geht aber weit nach Süden. Die Gestalt der Erdferkel ist plump, ihr Rumpf geht äußerlich allmählich in den langen, kräftigen Schwanz über, der Kopf ist lang und hat einen kegelförmigen, vorn abgestutzten Schnauzenteil. Die äußeren Ohren stehen aufrecht und sind sehr lang, die kräftigen Gliedmaßen sind kurz, die vorderen kürzer als die hinteren. Die Hinterfüße haben 5, die Vorderfüße 4 sehr kräftige hufartige Zehen. Die Haut ist schwartenartig, dick mit einer spärlichen, aber straffen Behaarung. Die Zähne gleichen auf dem Querschnitte spanischem Rohr und sind sehr hinfällig. Bei jungen Individuen ist die höchste Zahl 48, die aber bei alten auf 18 sinkt. Die platte Zunge ist zwar lang und schmal, aber nicht wurmförmig. Die Erdferkel zerscharren nachts die Bauten der Termiten und Ameisen, von welchen Tieren sie leben, und halten sich über Tag in selbstgegrabenen Erdhöhlen versteckt.

Das kapische Erdferkel (Orycteropus capensis, S. 69) hat eine rötliche, graue Färbung.

4. Familie: **Gürteltiere** (Dasypodidae). Die Gürteltiere zeichnen sich vor allen anderen Säugetieren durch ihren Knochenpanzer aus, der durch tafelförmige Verknöcherungen der Lederhaut zu stande kommt. Diese Verknöcherungen treten gruppenweise zusammen und bilden Schutzdecken für den Rumpf, Kopf, Schwanz und teilweise für die Gliedmaßen. Am Rumpfe

zerfällt die Bedeckung meist in 3 Abschnitte: je eine gleichmäßige für die Hals- und Schulter- und für die Beckengegend und eine in bald mehr, bald weniger (3 bis 13) zahlreiche Halbringe oder Gürtel zerlegte für den Mittelteil. Die Gürteltiere können sich, da die Ringe des Mittelteils gegeneinander und gegen den Schulter- und Beckenpanzer beweglich sind, vollkommen aufrollen. Auf der Unterseite, zwischen den einzelnen Knochenplättchen und am Hinterrande der Gürtel stehen spärlich straffe Haare. Bei der Gürtelmaus sind die Panzerteile anders geordnet.

Die Ohren sind gut entwickelt, der Schwanz ist kräftig, öfters auch lang (beides wieder mit Ausnahme der Gürtelmaus). Die Beine sind kurz, aber stark, und die Zehen mit starken Grabkrallen versehen. Die Länge schwankt zwischen 15 cm und über 1 m.

Die Tiere leben einsam, halten sich am Tage in selbstgegrabenen Erdlöchern verborgen und gehen nachts ihrer, hauptsächlich aus Insekten, aber auch aus Würmern und Schnecken, selbst aus Aas und abgefallenen Früchten bestehenden Nahrung nach. Sie bewohnen die Südhälfte des kontinentalen Amerika von Mexiko und Südtexas bis zum 50.° südlicher Breite. Die Familie besteht aus zwei Unterfamilien: den eigentlichen Gürteltieren und den Gürtelmäusen.

a) Unterfamilie: **eigentliche Gürteltiere** (Dasypodinae). Der Rumpfpanzer der eigentlichen Gürteltiere zerfällt in 3 Abschnitte. Sie haben gut entwickelte Ohren und Schwänze.

Das sechsringelige Gürteltier (Dasypus sexcinctus, S. 70) oder Tatu hat 6 Gürtel, an den Seiten und am Unterleib eine sehr starke Behaarung und an allen Füßen 5 Zehen. Es bewohnt Südamerika von Guayana bis Paraguay. Das Kugelgürteltier (Tolypeutes tricinctus, S. 70) hat 3 Gürtel und versteht sich zu einer vollständigen Kugel zusammenzurollen, wobei ihm die sehr hohe Wölbung des Panzers zu statten kommt. Seine Ohren sind nur kurz. An den Vorderfüßen hat es bloß 4 Zehen mit sehr langen Krallen, auf deren Spitzen es läuft. Es findet sich im westlichen Argentinien zwischen dem 34. und 36.° südlicher Breite.

b) Unterfamilie: **Gürtelmäuse** (Chlamydophorinae). Diese Unterfamilie umfaßt bloß eine Gattung und eine Art (Chamydophorus truncatus, S. 68), die Gürtelmaus oder den Schildwurf, die die Gegend von Mendoza im westlichen Argentinien bewohnt. Das Tierchen hat die Größe und die Lebensweise des Maulwurfs. Sein Panzer ist lederartig und besteht aus einem 24reihigen Rückenteil, der sich vom Kopf ohne Unterbrechung bis in die Steißgegend erstreckt, wo sich der Panzer plötzlich in einem rechten Winkel nach unten umschlägt und ein aus 4 konzentrischen Bogenreihen bestehendes Steißschild bildet. An dessen Unterrand in einem Mittelausschnitt entspringt das 3,5 cm lange Schwänzchen, das nach vorn zu unter den Bauch zwischen die Schenkel geschlagen getragen wird. Das Rückenschild verjüngt sich von seinem Hinterrand nach und nach bis zur Stirn, und dem entsprechend nimmt die Zahl der Schilder in den Querreihen ab.

B. Unterordnung: **Faultiere (Bradypoda).** Die Faultiere sind langsam sich bewegende, auf Bäume kletternde und sich von Blättern ernährende Edentaten, die auf das tropische Amerika beschränkt sind. Ihr Kopf ist klein, vorn verkürzt, abgerundet, der Hals ist ziemlich lang. Die Gliedmaßen sind schmächtig und sehr lang, besonders die vorderen. Diese haben 2 oder 3, die hinteren immer 3 Zehen mit sehr langen Krallen, die eingeschlagen getragen werden und vortreffliche Kletterhaken darstellen, an denen sich die Tiere in die Höhe ziehen. Der Schwanz ist ganz winzig oder fehlt äußerlich überhaupt, ebenso fehlt eine Ohrmuschel. Die Behaarung ist lang und äußerst struppig. Ihre grünliche Farbe rührt von einer in den Haaren schmarotzenden Alge her. Es gibt 2 Gattungen: Bradypus (10 Arten), vorn mit 3, und Choloepus (2 Arten), vorn mit 2 Zehen. Zu den 3zehigen Formen gehört das Aï (Bradypus tridactylus, S. 67).

2. Ordnung: **Waltiere (Cetacea).**

Die Wale sind Säugetiere, die an einen ausschließlichen Aufenthalt im Wasser angepaßt sind. Ihre Körpergestalt ist spindelförmig, der der wahren Fische sehr ähnlich, und läuft hinten in eine wagerechte Schwanzflosse aus. Außerdem haben sie noch ein wagerechtes Gliedmaßenpaar, das vordere, dessen aus einer gering entwickelten Handwurzel und 5 Fingern bestehender freier Teil von einer gemeinsamen Bindegewebs- und Hautmasse umgeben eine Flosse darstellt. Doch ist die Zahl der aufeinander folgenden Fingerglieder weit bedeutender als bei anderen Säugetieren. Spuren von Nägeln fehlen. Hintere Gliedmaßen sind äußerlich nicht vorhanden und sind nur durch einige innen in der Fleischmasse des Rumpfes gelegene Knöchelchen vertreten. Manche Formen haben eine senkrechte, von knöchernen Elementen nicht gestützte Rückenflosse. Ein Hals ist äußerlich gar nicht, innerlich am Skelette nur wenig wahrnehmbar.

Das Haarkleid ist bis auf einige wenige in der Schnauzengegend befindliche, leicht übersehbare Borsten völlig geschwunden, und die dicke, einer mächtigen, außerordentlich fettreichen Unterschicht von Bindegewebe aufliegende Haut ist glatt und schlüpfrig. Die Nasenlöcher, hier Spritzlöcher genannt, liegen dicht nebeneinander in einer gemeinsamen Grube hoch oben auf der Stirn, und der Kehlkopf kann dicht an die inneren, hinten im Gaumen befindlichen Nasenlöcher gepreßt werden, so daß die eingeatmete Luft durch diese unmittelbar in die Lungen gelangen kann. Im Verhältnis zur Körperlänge ist der Kopf immer groß, oft sogar sehr groß. Die Knochen sind sehr schwammig und völlig von Fett durchzogen, so daß das ganze Skelett sehr leicht ist. Die Schädelknochen sind in der Regel auffallend asymmetrisch entwickelt. Die Augen sind relativ sehr klein, und äußere Ohren fehlen vollkommen. Die Zitzen liegen in Taschen sehr weit nach hinten. Das Gehirn der geistig trotz ihrer Plumpheit gut beanlagten Tiere zeigt eine hohe Stufe der Entwickelung, namentlich weist das Großhirn zahlreiche Windungen auf.

Die Wale sind durchaus Bewohner des Wassers, das sie niemals freiwillig verlassen, und in dem sie sogar gebären. Bei weitem die meisten Arten finden sich in den Meeren, besonders in deren polnahen, kälteren Teilen, doch hausen einzelne auch in großen tropischen Strömen. Die meisten leben gesellschaftlich in sogenannten von einem alten Männchen angeführten Schulen und ernähren sich ausschließlich von tierischer Kost. Alle Wale sind große, zum Teil riesenhafte Tiere, und unter ihnen finden sich die größten und schwersten Säuger, die es überhaupt gibt.

Man teilt diese Ordnung in 2 Unterordnungen, die wahrscheinlich gar nicht näher miteinander verwandt sind, und deren große Ähnlichkeit nur die Folge ähnlicher Anpassung an höchst ähnliche Lebensbedingungen ist. Diese Unterordnungen sind die Zahn- und die Bartenwale.

A. Unterordnung: **Die Zahnwale (Denticete).** Bei diesen Tieren liegen die Nasengänge nicht bloß mit ihren Außenöffnungen in einer gemeinsamen Grube, sie sind überhaupt durch keine Scheidewand voneinander getrennt, und die Kiefer sind, allerdings in sehr verschiedenem Umfange, zeitlebens mit Zähnen bewaffnet. Die Zahnwale leben von größeren Tieren, von Fischen, selbst von anderen Walen, die sie gesellschaftlich überfallen. Einige von ihnen sind Süßwasserbewohner. Diese Unterordung zerfällt in 4 Familien: Delphine, Narwale, Schnabelwale und Pottwale.

1. Familie: **Delphine** (Delphinidae). Die Familie der Dephine ist die artenreichste der Wale und umfaßt etwa 100 Arten, die sich in allen Meeren, zum Teil auch in Flüssen finden. Sie haben ein aus meist zahlreichen kegelförmigen Zähnen bestehendes Gebiß, in dem durch Arbeitsteilung noch keine verschiedene Gestaltung der Zähne eingetreten ist. Fast immer ist eine Rückenflosse vorhanden. Hierher gehören die mittelgroßen und kleineren Walformen.

Der gemeine Delphin (Delphinus delphis, S. 71) hat eine glatte, glänzende, teilweise sogar opalisierende Haut, oben von grünlichschwarzer, unten von schneeweißer Farbe. Er bewohnt die kälteren und gemäßigteren Meere der nördlichen Erdhälfte und hat durchschnittlich etwa 100 Zähne. Der Susuk (Platanista gangetica, S. 71), von 2 m Länge, ist oben grauschwarz und unten schmutzig weiß. Er findet sich im Ganges und seinen Nebenflüssen. Das Meerschwein (Phocaena communis, S. 73) ist von gedrungener Gestalt, hat einen vorn abgerundeten Kopf und eine ziemlich weit nach vorn stehende Rückenflosse. Oben ist es schwarz mit grünlichem oder violettem Schimmer, unten weiß. Sein Gebiß besteht aus 80—100 Zähnen. Es findet sich im Atlantischen Ozean vom hohen Norden bis an die afrikanische Küste, geht auch in die Nord- und Ostsee, gelegentlich tritt es sogar in die großen Flüsse über.

2. Familie: **Entenwale** (Hyperoodontidae). Die Entenwale haben eine Schnauze von Schnabelgestalt und ein sehr mangelhaftes Gebiß, indem sich bei erwachsenen Individuen oben gar keine, unten in jedem Kiefer höchstens 2 Zähne finden.

3. Familie: **Narwale** (Monodontidae). Die einzige Art der einzigen Gattung dieser Familie (Monodon monoceros, S. 72) hat statt einer Rückenflosse nur eine Hautfalte und einen abgerundeten Kopf. Das Gebiß ist eigentümlich, denn es besteht aus einem einzigen, im männlichen Geschlechte sehr langen Stoßzahn (ca. von halber Körperlänge), einem Paar rudimentärer Vorder- und einem schwach entwickelten Backenzahn in jedem Oberkiefer, während der Unterkiefer zahnlos bleibt. In der Regel befindet sich der hohle, geradeaus stehende, von rechts nach links

gewundene Stoßzahn im linken Oberkiefer, während der der rechten Seite nur sehr selten zur Entwickelung kommt. Dem Weibchen fehlt dieser Zahn. Die weiche Haut des Narwals ist in der Färbung zahlreichen individuellen Schwankungen unterworfen: der Grund kann weiß, gelblich oder hellgrau sein, und auf ihm stehen in unregelmäßiger Verteilung, nur am Kopfe und auf dem Rücken etwas dichter braune bis schwarze Flecke. Er bewohnt ausschließlich das nördliche Polarmeer und tritt oft in großen Gesellschaften auf.

4. Familie: **Pottwale** (Catodontidae). Diese Familie umfaßt 6 Arten. Es sind die größten Zahnwale mit ungeheuren Köpfen von fast 1/3 Körperlänge. Die knöchernen Kiefer sind schnabelartig zusammengedrückt, und bloß im unteren finden sich jederseits bis 27 Zähne, während die des Oberkiefers, 8 an jeder Seite, unentwickelt bleiben. Der Schädel ist stark asymmetrisch. Die Gestalt des Kopfes, an dem das gemeinsame Nasenloch vorn links an der Schnauze liegt, wird durch die des Schädels nur wenig bedingt, indem seine Profillinie vorn senkrecht abfällt. Die Masse vor dem Hirnschädel und oberhalb der Kiefern besteht aus Bindegewebe, ist von Höhlungen durchzogen, in denen sich eine merkwürdige, flüssige, beim Erkalten gerinnende Masse, das Walrat (sperma ceti), befindet. Die Pottwale oder Cachelots treten hauptsächlich zwischen den Wendekreisen auf und sind im Indischen und Stillen Ozean häufiger als im Atlantischen, doch dringen sie nicht selten weiter polwärts vor. Die bekannteste Art (Catodon macrocephalus, S. 72) hat eine glatte, glänzende, oben grünlichschwarze, nach unten hin hellere Haut.

B. Unterordnung: **Bartenwale (Mysticete).** Die Bartenwale sind die größten und schwersten Tiere der Jetztwelt. Sie sind sehr großköpfig, und ihre im reifen Zustande zahnlosen, bei ganz jungen Tieren mit Zahnkeimen versehenen Kiefer bilden eine Art Schnabel. Der untere verläuft gerade, der obere stellt einen hohen Bogen dar und trägt rechts und links am Rande die Barten oder das Fischbein. Das sind lange, quer dicht hintereinander stehende Hornplatten, Wucherungen des Epithels der Mundhöhle, von dreieckiger Gestalt, mit vereinigten Basen. Die äußere Seite ist ganzrandig und gerade, aber die schief aufsteigende innere ist in ein System langer Fasern zerfallen. So bilden die Barten einen Seihapparat, in dem die kleinen Nahrungstiere, die die Bartenwale mit dem Seewasser in das Maul schöpfen, hängen bleiben, wenn das Wasser zwischen ihm abläuft. Bartenwale finden sich in allen Meeren, in den nördlichen, kälteren aber am zahlreichsten.

1. Familie: **Glattwale** (Balaenidae). Die Glattwale sind ohne Rückenflosse, ohne Furchen an der Unterseite und von plumper, gedrungener Gestalt. Ihre Brustflossen sind breit, ihre Barten lang und schmal. Unsere systematischen Kenntnisse dieser Ungeheuer stehen auf schwachen Füßen. Der zu ihnen gehörige Grönlandwal (Balaena mysticetus, S. 73) ist von schwankender Färbung, bald heller, bald dunkler grau oder bläulich, bisweilen auch gescheckt. Er bewohnt das Eismeer und die nördlichsten Teile des Atlantischen und Stillen Ozeans.

2. Familie: **Furchenwale** (Balaenopteridae). Die Furchenwale sind weit schlanker und zierlicher als die Glattwale gebaut, haben eine weit nach hinten gelegene Rückenflosse und vom Unterkiefer zum Bauch verlaufende Hautfurchen. Ihre Schwanzflosse ist kleiner, die Brustflossen sind schmäler, und ihre Barten kürzer, aber breiter.

Die bekannteste Art ist der Finnwal (Balaenoptera longimana, S. 74), dessen Kopf etwa den vierten Teil seiner Gesamtlänge mißt. In dem am Rande etwas vom Unterkiefer überragten Oberkiefer sitzen über 800 Barten. Auf der Unterseite verläuft in der Mitte eine Längsfurche, an die sich jederseits 10 von vorn nach hinten allmählich kürzer werdende Seitenfurchen anschließen. Die Farbe ist oben grauschwarz und geht nach unten in Weißgrau über. Der Finnwal findet sich fast von Pol zu Pol, ist aber im Nördlichen Eismeer am häufigsten. Durch seine Zeichnung fällt der Zwergwal (Balaenoptera rostrata, S. 74) auf.

3. Ordnung: Seekühe (Sirenia).

Die Seekühe sind wie die Wale sehr stark an das Wasserleben angepaßt, darin beruht aber auch die einzige Übereinstimmung, die zwischen beiden Tierordnungen herrscht. Durch diese Anpassung haben sie eine fast ganz nackte Haut und eine horizontale Schwanzflosse erworben, aber die hinteren Gliedmaßen bis auf im Innern gelegene Rudimente eingebüßt. Der Kopf ist verhältnismäßig kleiner als bei den Walen, der Hals äußerlich wenigstens angedeutet, die Nasenlöcher sind getrennt und liegen vorn an der stumpfen Schnauze, und die Milchdrüsen liegen vorn neben der Achselhöhle. Die Sirenen bilden die kleinste Ordnung der beutellosen Säugetiere, die gegenwärtig in ihrem Vorkommen auf die tropischen Gewässer beschränkt ist. Es gibt bloß 2 lebende Gattungen dieser harmlosen Pflanzenfresser, aber über die Zahl ihrer Arten, Unterarten, Lokalrassen 2c. gehen die Ansichten auseinander.

Die Lamatine (Manatus) haben eine hinten abgerundete Schwanzflosse, eine sehr spärliche und kurze Borstenbehaarung. Auch die Brustflossen sind abgerundet und tragen am oberen Rande oft, aber nicht immer, 4 kleine, flache Nägel. Schneidezähne finden sich nur im Oberkiefer junger Tiere, Eckzähne fehlen überhaupt, und Backenzähne stecken oben und unten in jeder Kieferhälfte 10. Sie haben eine breite, viereckige Krone mit 2 durch eine Grube getrennten Querhöckern. In dem Maße, wie die vorderen nach und nach ausfallen, treten hinten neue auf. Die Lamatine finden sich an den tropischen Küsten beider Seiten des Atlantischen Ozeans, gehen aber auch in die großen Flüsse und Seen, in Afrika bis in den Tsadsee hinein. Sie ernähren sich von Tang, Gräsern und anderen Wasserpflanzen, die sie abrupfen, indem sie ihre Oberlippe in Gestalt einer halbmondförmigen Klappe oder einer Art von Rüssel über das Maul schieben. Die fehlenden Schneidezähne werden durch rauhe Hornplatten ersetzt.

Die am besten gekannte Art (Manatus latirostris, S. 75) ist graulichblau von Farbe, oben etwas dunkler als unten und findet sich an der Küste und in den hier mündenden Flüssen Mittelamerikas einschließlich der westindischen Inseln, von Florida im Norden bis zum Kap Nord im Süden.

Die Dujongs (Halicore) bewohnen die Küsten des Indischen Ozeans von Mosambik bis zum Roten Meer im Westen und von da die von Indien, Ceylon und den Malaiischen Inseln im Osten und die nordaustralischen im Süden. Eine Art (Halicore dujong, S. 75) ist sicher bekannt. Sie hat eine halbmondförmig ausgeschnittene Schwanzflosse und auch im erwachsenen Zustande in jeder Oberkieferhälfte einen sehr großen Schneidezahn. Im Unterkiefer kommen Schneidezähne nicht zur Entwickelung, statt ihrer findet sich eine Hornplatte. Eckzähne fehlen. Von den flachkronigen 5 Backenzähnen in jeder Kieferhälfte oben und unten fallen 3 zeitig aus. Der Dujong geht nicht in das süße Wasser und hat niemals Nägel an seinen Brustflossen.

4. Ordnung: **Paarzeher (Artiodactyla).**

Die Angehörigen dieser Ordnung haben nur 2 wohl entwickelte Zehen hinten und vorn, die 3. und die 4., während die anderen mehr oder weniger in der Entwickelung zurückbleiben. Die Paarzeher fehlen in Neuseeland, auf dem Festlande von Australien und auf den westindischen Inseln. Diese Ordnung zerfällt in 3 Unterordnungen.

A. Unterordnung: **Plumptiere (Obesae).** Die Plumptiere umfassen nur eine Familie (Hippopotamidae) mit einer Gattung und 2 Arten, einer kleineren westafrikanischen und dem die Flüsse des größten Teils Afrikas bewohnenden gemeinen Flußpferde (Hippopotamus amphibius, S. 76).

Die Gestalt dieses Tieres ist äußerst plump, der große, fast kubische Kopf hat kleine Augen und Ohren, aber ansehnliche Nasenlöcher und eine breite, stumpfe Schnauze. Der Rumpf ist dickbauchig, in der Kreuzgegend am höchsten, in der Mitte eingesattelt. Der Schwanz ist kurz, höchstens den 9. Teil so lang wie der übrige Körper. Die Beine sind sehr kurz und äußerst plump. Die Vorder- und Hinterfüße haben 4 nach vorn gerichtete und durch schwache Schwimmhäute miteinander verbundene Zehen, die mit derben kurzen Hufen versehen sind und alle den Boden berühren. Die Haut ist sehr dick, am Halse und an der Brust faltig, sonst von Rissen durchfurcht, von graurötlicher Farbe und fast nackt. Nur hin und wieder stehen einzelne kurze, starke Haare, die an der Schwanzspitze eine strähnige Quaste bilden.

Das ungeheure Maul birgt ein gewaltiges Gebiß, oben und unten jederseits mit 2, unten horizontal nach vorn gerichteten Schneidezähnen, die Eckzähne sind nach hinten gebogen, die unteren sehr groß. Höckerige Backenzähne stehen im Ober- und Unterkiefer jederseits 7, im höheren Alter, nachdem der vorderste verloren ist, nur noch 6. Der Magen ist vierteilig, aber die ausschließlich von Pflanzenkost lebenden Flußpferde sind keine Wiederkäuer. Sie werden bis 50 Zentner schwer, halten sich mehr im Wasser als auf dem Lande auf und werfen bloß ein Junges auf einmal.

B. Unterordnung: **Schweine (Suinae).** Die kleineren Schweine haben eine weniger plumpe Gestalt, namentlich zierlichere Gliedmaßen, einen seitlich zusammengedrückten Rumpf, eine verlängerte und zugespitzte oder abgestumpfte rüsselartige Schnauze und 4zehige Füße, deren Zehen von ungleicher Entwickelung sind, indem nämlich die 3. und 4. den Körper tragen, die 2. und 5. aber dahintergelegene, den Boden nicht berührende Afterzehen sind. Die Ohren sind groß, die Augen klein. Die Körperbedeckung besteht aus mehr oder weniger dicht stehenden Borstenhaaren, die gelegentlich einen Rückenkamm und eine Schwanzquaste bilden. Die unteren Schneidezähne stehen fast wagerecht, die oberen fast senkrecht, die Eckzähne sind kräftig, die oberen oft in hohem Grade und dann, wie die unteren als Hauer, nach oben und vorn gebogen. Die vorderen Backenzähne sind meist klein, kegelförmig, die hinteren sind breit mit kräftigen Höckern und Falten. Der Magen zeigt eine schwache Dreiteilung. Die Nahrung wird dem Pflanzen- und Tierreich entnommen. Die Schweine sind sehr fruchtbar, und ihre Jungen haben oft ein buntgeschecktes Kleid. Sie bewohnen ganz Europa und Asien bis nahe an den Polarkreis, ganz Afrika mit Madagaskar, die Molukken, die Papuainseln und Neuguinea. In Amerika haben sie nur auf dem Kontinent von Arkansas bis Paraguay Vertreter. Sie bilden eine Familie (Suidae).

Die Gattung der Nabelschweine (Dicotyles) ist die einzige, 2 Arten umfassende, amerikanische. An ihren Hinterfüßen fehlt die Außenzehe. Es sind zierliche, ziemlich dicht, namentlich entlang des Rückens, behaarte Tiere von schwärzlichgrauer Farbe mit sehr kurzem Schwänzchen. Das Pekari (Dicotyles torquatus, S. 76) hat einen hellen Brustfleck, von dem rechts und links nach oben sich verjüngende Halbbinden nach dem Rücken zu aufsteigen.

Das Warzenschwein (Phacochoerus africanus, S. 77) hat oben jederseits bloß einen, unten 3 Schneidezähne und an allen Füßen 4 Zehen. Es bewohnt den Kontinent des tropischen Afrika.

Bei dem fast nackten Hirscheber (Porcus babyrussa, S. 77) sind die Füße 4zehig, und im Oberkiefer stehen sehr lange, dünne Eckzähne. Wird auf Celebes und der Insel Buru gefunden.

Die weitest verbreitete und artenreichste (14) Gattung ist die der echten Schweine (Sus), die ganz Europa und Asien und die malaiisch-papuanische Inselwelt bis und mit Neuguinea bewohnt. Ihre vorderen und hinteren Gliedmaßen haben 4 Zehen, und Ober- und Unterkiefer enthalten je 3 Schneide- und 7 Backenzähne. Hierher gehört das gemeine Wildschwein (Sus scrofa, S. 78), dessen Haare borstig und lang sind und entlang des Rückens einen Kamm bilden. Beim Eber sind die Eckzähne stärker entwickelt als bei der Sau. Das Wildschwein bewohnte ursprünglich ganz Europa mit Ausnahme von Skandinavien und Nordrußland, ebenso Sibirien, die Mongolei, Kleinasien und Nordafrika, hat aber an sehr vielen Stellen der sich immer mehr ausbreitenden Kultur weichen müssen.

Die europäischen Wildschweine gehören auch zu den Stammeltern der Hausschweine, eine zweite Gruppe stammt vom Wildschwein von Celebes und eine dritte vom indischen Schwein ab. Mitglieder der ersten Gruppe sind unter anderen die Berk-, York- und Hamshireschweine (S. 79), der letzten die wunderlichen japanischen Maskenschweine (S. 79).

C. Unterordnung: **Wiederkäuer (Ruminantia).** Die in ihrer Gestalt sehr verschiedenen, aber immer hochbeinigen Wiederkäuer haben vorn und hinten je 2 Haupt- oder Tragezehen, deren Mittelhand- und Mittelfußknochen fast immer verwachsen sind. Die 2. und 5. Zehe sind immer rudimentär (Afterklauen) und fehlen zuweilen fast völlig. Im Oberkiefer finden sich nur ganz ausnahmsweise Schneide- und Eckzähne, im Unterkiefer sind jene durch 3, diese durch ein Stück vertreten. In jeder Kieferhälfte sitzen ferner oben und unten 5 oder 6 oder 7 Backenzähne, die durch einen weiten Zwischenraum von den Vorderzähnen getrennt sind und platte Kauflächen haben. Die Behaarung ist meist kräftig, straff und fest, bisweilen aber auch wollig und weich. Auf der Stirn finden sich häufig paarige Kopfzierate in Gestalt von Hörnern oder Geweihen. Der Magen besteht meist aus 4, selten nur aus 3 Abschnitten: dem am weitesten nach links gelegenen geräumigen Panzen oder Wanst, an den sich der Netzmagen oder die Haube anschließt; hierauf folgt der Blättermagen oder Psalter, und den Beschluß rechts macht der Labmagen. Das gefressene Futter gelangt zunächst in den Pansen. Ist der gefüllt, oder ist das Futter verzehrt, so verhält sich der Wiederkäuer ruhig, drängt einen Teil der genossenen Nahrung durch eine willkürliche Bewegung der Flanken in den Netzmagen, wo der Nahrungsballen durchweicht wird, von diesem steigt er die Speiseröhre hinauf wieder in die Mundhöhle.

Nachdem er hier nochmals gründlich durchgekaut ist, wird er verschluckt und kommt nun unmittelbar in den Blättermagen.

Die Wiederkäuer gehen sehr hoch nach Norden und in die Gebirge hinauf, fehlen aber in Westindien, auf Madagaskar und in den Landgebieten östlich von Timor und den Molukken.

1. Familie: **Kamelartige Wiederkäuer** (Tylopoda). Diese Tiere haben weder Hörner noch Geweihe, jederseits oben 1, unten 3 Schneide-, oben und unten 1 Eck- und oben 6, unten 5 Backenzähne. An den Füßen fehlen die Afterklauen, und die 3. und 4. Zehe treten ganz auf und sind unten mit einer schwieligen Sohle bedeckt. Wilde Tylopoden scheinen sich bloß in Südamerika zu finden, die Stammeltern der altweltlichen, gezähmten, aber ausgestorben zu sein.

Diese altweltlichen Formen bilden die Gattung Kamele (Camelus, S. 80) mit 2 Arten, dem Trampeltier (Camelus bacterianus) mit 2 Höckern, von Zentralasien, und dem Dromedar (Camelus dromedarius) mit einem Höcker, von Westasien und Afrika, neuerdings auch in Australien, Kalifornien und Texas eingebürgert. Beide Formen dürften nur zufolge künstlicher Zuchtwahl voneinander abweichen.

Die Lamas (Auchenia, S. 81) bewohnen das südliche und die gebirgigen Teile des mittleren und nördlichen Südamerika, sind viel kleiner als die Kamele, haben einen verhältnismäßig größeren, seitlich zusammengedrückten, spitzeren Kopf, größere Augen und Ohren, einen schmächtigeren Hals, dünnere und längere Beine, stärker getrennte Zehen, wolligeres, längeres Haarkleid und keinen Buckel.

Das echte Lama (Auchenia lama) ist ein Haustier, wofür schon der große Variationskreis seiner Färbung spricht, dessen Stammrasse nicht bekannt ist, und kommt am besten in den peruanischen Hochlanden fort. Auch das Alpaca (Auchenia pacos) ist ein ausschließliches Haustier. Wirklich wilde Formen, die man aber nicht so ohne weiteres als die Stammeltern der gezähmten ansehen darf, sind das Huanaco (Auchenia huanaco), das die gebirgigen Teile Südamerikas von Feuerland bis Nordperu bewohnt, und die kleinere Vicuña (Auchenia vicugna) vom Kamm der Kordilleren.

2. Familie: **Moschushirsche** (Tragulidae). Die Moschushirsche sind zierliche kleine Wiederkäuer vom Habitus der Rehe, mit sehr kurzem Schwänzchen, ohne Blättermagen und ohne Kopfzierat in beiden Geschlechtern, jedoch haben die alten Böcke im Oberkiefer starke, nach unten gerichtete hauerartige Eckzähne.

3. Familie: **Moschustiere** (Moschidae). Die kurzschwänzigen Moschustiere sind gleichfalls geweihlos, haben im männlichen Geschlecht auch verlängerte Eckzähne im Oberkiefer, aber ihr Magen besitzt die typischen 4 Abteilungen des Wiederkäuermagens, und die Böcke haben einen hinter dem Nabel gelegenen Beutel am Bauche, der eine stark riechende Substanz absondert, den Moschus. In einigen Punkten der Entwickelung weicht diese Familie von den übrigen Wiederkäuern ab. Es gibt nur eine Art (Moschus moschiferus, S. 82), die die Hochgebirge Zentralasiens vom Amur und Nordchina bis Tibet und Siam bewohnt.

4. Familie: **Hirsche** (Cervidae). Die Hirsche sind ansehnliche bis sehr ansehnliche Wiederkäuer, die im männlichen (in einem Falle auch im weiblichen) Geschlechte Geweihe auf dem Kopfe tragen. Diese Geweihe bestehen aus 2 Teilen, einem zu dem betreffenden Stirnbein gehörigen Postament, dem Rosenstock, der nie verloren geht, und einer sekundären Hautverknöcherung, dem eigentlichen Geweih, das alljährlich zu bestimmten Zeiten abgeworfen wird, sich sehr bald aber wieder erneuert. Das frische Geweih ist weich, gefäßreich, nimmt am Stoffwechsel teil und hat einen behaarten Hautüberzug, den Bast. Hat es seine Maximalgröße erreicht, so stirbt es nach und nach ab, der Knochen wird nekrotisch, und der Bast fällt ab oder wird, da die Erscheinung mit einem juckenden Gefühl verbunden ist, vom Träger abgerieben (gefegt). Meist ist das Geweih wiederholt gabelig geteilt, und es nimmt nach jedem Wechsel an Umfang, in der Regel auch an Zahl der gabeligen Teilungen (Enden) zu bis zur Entwickelung der höchsten Lebenskraft des Hirsches. Ist diese vorbei, so hört nicht nur die Steigerung in der Bildung der neuen Geweihe auf, diese werden vielmehr nach und nach schwächer (der Hirsch setzt zurück). Der unterste, nach vorn gerichtete Geweihast heißt der Augensproß. Der Oberkiefer hat keine Schneide- und auch nur selten Eckzähne Backenzähne finden sich oben und unten beiderseits 6. Vor dem Auge liegt eine Vertiefung, die Thränengrube. Die Füße haben 4 Zehen. Die Hirsche bewohnen ganz Amerika mit Ausnahme der westindischen Inseln, ganz

Europa und ganz Asien, Afrika aber bloß in den nördlichsten Teilen, und von den Gebieten östlich von der Straße von Makassar bloß die Molukken und Timor, sind hierher aber wahrscheinlich von Menschen eingeführt und verwildert.

Die Mundjakhirsche (Cervulus) sind verhältnismäßig klein, haben im männlichen Geschlechte verlängerte Eckzähne der Oberkiefer und im eigentlichen Geweihteile schlecht entwickelte Kopfzierate mit nur einer Sprosse, aber sehr lange Rosenstöcke. Der Kidang (Cervulus muntjac, S. 82) bewohnt Vorder- und Hinterindien, Birma, Hainan und die Sundainseln.

Am artenreichsten (40) ist die Gattung der echten Hirsche (Cervus), die auch die Verbreitung der ganzen Familie hat. Sie hat mehrfach verästelte, runde Geweihe, und alte Individuen, namentlich, aber nicht ausschließlich, männliche, bekommen Eckzähne (Haken).

Eine der zierlichsten Formen ist das schwanzlose Reh (Cervus capreolus) und die stattlichste altweltliche Form der Rot- oder Edelhirsch (Cervus elaphus, S. 83), der in Nordamerika durch den noch größeren Wapiti (Cervus canadensis) vertreten wird.

Die Gattung der Damhirsche (Dama) hat Geweihe mit runden Stangen, die sich oben schaufelartig verbreitern. Nur die Augensprosse ist selbständig, die übrigen Sprossen sitzen am Rande der Schaufeln. Das Tier bewohnt wild Kleinasien und die Mittelmeerländer, wird aber auch vielfach sonst in Tierparken in halbgezähmtem Zustande gehalten.

Das in beiden Geschlechtern geweihte Renntier (Rangifer tarandus, S. 84) ist in seiner vorderen Körperhälfte wesentlich stärker als in seiner hinteren und hat wie die folgende Gattung eine behaarte Schnauze und an der Kehle eine Mähne. Es bewohnt die nördlichsten Gegenden der Alten und Neuen Welt bis weit über den Polarkreis hinaus und ist der einzige hirschartige Wiederkäuer, der zum Haustier geworden ist.

Das gewaltigste Hirschtier ist der Elch (Alces palmatus, S. 84) mit breiter, behaarter Schnauze, überhängender Oberlippe, großen Ohren, kleinen Augen, kurzem Schwanz und starker Kehlmähne. Die vordere Körperhälfte ist weit kräftiger als die hintere entwickelt. Nur die Männchen haben im oberen Teile schaufelartig entwickelte Geweihe. Der Elch oder das Elen findet sich in Deutschland lebend nur noch in Ostpreußen, dann weiter in den Ostseeprovinzen, in Skandinavien und in einigen Gegenden des nördlichen Rußland. Das nordamerikanische Moosedeer ist artlich nicht vom Elch verschieden.

5. Familie: **Giraffen** (Camelopardetidae). Diese Familie umfaßt bloß eine lebende Gattung (Camelopardalis) mit 2 nahe verwandten Arten, von denen aber bloß eine (Camelopardalis giraffa, S. 85) näher bekannt ist.

Dem Gliedmaßenbau nach sind die Giraffen gewissermaßen umgekehrte Känguruhs, indem ihre vordere Körperhälfte ein ganz unverhältnismäßiges Übergewicht über die hintere erworben hat. Der Hals ist außerordentlich lang und stark, und der Rücken fällt von den Schultern nach dem Becken zu sehr steil ab. Der Kopf ist gestreckt und zwar an und für sich nicht klein, macht aber bei dem ungeheuern Hals einen kleinen Eindruck. Sehr schön sind die großen Augen des Tieres. Auf der Stirn befindet sich jederseits ein ursprünglich von den Stirnbeinen getrennter, beständig von Haut überzogener Knochenzapfen, und eine dritte unpaare Erhöhung findet sich auf der Mitte des Nasenrückens. Der Oberkiefer ist ohne Schneide- und Eckzähne, hat aber, wie der Unterkiefer, jederseits 6 Backenzähne. Der Schwanz ist lang und trägt am Ende einen Haarpinsel. Das Fell ist kurzhaarig, hat eine sandgelbe Grundfarbe mit unregelmäßig eckigen, großen, heller oder dunkler braunroten Flecken.

Die Giraffe frißt hauptsächlich beblätterte Zweige von Bäumen und hohen Sträuchern, die sie mit ihrer langen, sehr beweglichen Zunge umschlingt und abreißt. Sie bewohnt die Savannengebiete Afrikas.

6. Familie: **Gabelböcke** (Antilocapridae). Auch die Familie der Gabelböcke besteht aus nur einer Gattung mit nur einer einzigen Art (Antilocapra americana), die die nordamerikanischen Gebirge vom Kolumbiafluß im Norden bis nach Mexiko in Süden und vom östlichen Kalifornien im Westen bis zum Missouri im Osten herdenweise bewohnt.

7. Familie: **Horntiere** (Bovidae). Diese sehr große und sehr stark differenzierte Familie zeichnet sich mindestens im männlichen, oft auch im weiblichen Geschlechte durch den Besitz von stark verhornten Epithelscheiden aus, die knöcherne Zapfenfortsätze der Stirnbeine bedecken und keinem periodischen Wechsel unterworfen sind. Im Oberkiefer fehlen die Schneide-

und Eckzähne, Backenzähne finden sich jederseits oben und unten 6. Wir teilen diese etwa 150 Arten umfassende Familie der Wiederkäuer, die auf Madagaskar, den westindischen Inseln fehlt und in den Gebieten östlich von der Straße von Makassar nur auf Celebes Vertreter hat, in die 3 Unterfamilien: der Antilopen, Schafe und Rinder.

a) Unterfamilie: **Antilopen** (Antilopinae). Die antilopenartigen Horntiere zeichnen sich in der Regel durch einen zarten Bau aus, sie haben schlanke, die guten Läufer verratende Beine und meist eine spitze Schnauze. Stets haben die in der Regel gesellig lebenden Tiere Afterklauen, Klauen- und Weichendrüsen und Thränengruben. Die Augen sind groß und stehen ziemlich weit nach hinten, Geruch und Gehör sind bewunderungswürdig hoch entwickelt. Die Körpergröße ist sehr verschieden. Die Antilopen haben mindestens im männlichen, häufig auch im weiblichen Geschlecht Hörner von sehr verschiedener relativer Größe und Gestalt. Sie sind mit Ausnahme einer einzigen nordamerikanischen Art Bewohner der Alten Welt, betreten auch das papuanisch-australische Inselreich nicht. Besonders artenreich ist die Familie in Afrika, sehr arm an Arten (2) aber in Europa. Wir können aus der großen Menge der Formen nur einige interessantere hervorheben.

Die Gemse (Capella rupicapra, S. 86) hat kleine, im männlichen Geschlecht etwas größere als im weiblichen, fast senkrecht aufsteigende und an der glatten Spitze plötzlich zurückgebogene Hörner (Krickeln), die drehrund und schwach geringelt sind. Die Augen sind groß und schön. Die Hufe haben sehr scharfe Kanten, das Rückenhaar ist lang, im Winter bis 18 cm, und hinten an der Handwurzel steht ein ansehnlicher Haarbüschel. Die Hauptfarbe ist grau, im Sommer etwas heller und mehr rötlich, im Winter dunkler und ins Schwärzliche ziehend. Das Gesicht ist, mit Ausnahme eines jederseits vom Auge zur Nase verlaufenden dunkelbraunen Strichs, gelblichweiß. Die Gemse bewohnt die Pyrenäen, die Schweizer und österreichischen Alpen, den hohen Balkan, die Zentralkarpathen und den Kaukasus.

Die Tiere leben gesellig und sind äußerst gewandte Kletterer und Springer.

Ein sehr merkwürdiger Wiederkäuer ist die Saiga-Antilope (Colus tataricus, S. 87), die im äußersten Südosten eben noch Europa betritt, aber im südwestlichen asiatischen Sibirien allgemein verbreitet ist. Sie ist besonders ausgezeichnet durch die wunderlich aufgetriebene, Hohlräume umschließende Knorpelnase, die das Tier ebenso häßlich wie interessant macht. Der Klippspringer (Oreotragus saltator, S. 86) lebt paarweise in Süd- und Ostafrika.

Reizende Geschöpfe sind die Schopfantilopen (Cephalolophus) mit ihren kurzen, geraden, im weiblichen Geschlechte von einem Haarschopf verdeckten oder ganz fehlenden Hörnern. Der Ducker (Chephalolophus mergens, S. 88) ist eine der größten Arten, von Rehgröße, hat aber einen 20 cm langen Schwanz. Die Färbung dieser Südafrika bewohnenden Antilope ist sehr schwankend. Ein durch den Besitz von 4 Hörnern vor allen lebenden, wilden Wiederkäuern ausgezeichnetes Tier ist die Schikara (Tetraceros quadricornis, S. 88) aus Bengalen.

Der Kudu (Strepsiceros kudu, S. 89) ist eine der größten Antilopenarten und trägt im männlichen Geschlecht von allen die längsten Hörner, während die Weibchen hornlos sind. Die Grundfarbe dieses die tropischen Berggegenden Afrikas bewohnenden Tieres ist bräunlichgrau mit einem weißen Rücken- und 8—9 weißen Querstreifen an jeder Seite.

Artenreich ist die Gattung der Kuhantilopen (Bubalis, S. 90), zu der das nördliche (Bubalis bubalis) und das westafrikanische Hartebeest (Bubalis senegalensis) gehören. Der Buntbock (Bubalis pygarga) und der Bleßbock (Bubalis albifrons) bewohnen Südafrika.

Wie ein Zwitterding von Rind und Pferd erscheint das zu Wutausbrüchen geneigte und daher gefährliche, wunderliche Gnu (Catoblepas gnu, S. 87). Von Farbe ist es dunkelbraun mit helleren, langen Schwanz- und Mähnenhaaren. Die Nase ist breit, die Nasenlöcher haben eine Art von Klappe, und an Stelle von Thränengruben finden sich drüsenreiche, mit Haaren überwachsene Höcker. Merkwürdig sind die Hörner, und sie tragen nicht wenig dazu bei, dem Tier ein rindähnliches Vorkommen zu geben. Bei jungen Individuen sind sie rund und gerade nach oben gewachsen, bald aber wenden sich ihre Spitzen nach unten und seitwärts, sie flachen sich ab, wachsen noch mehr nach unten, um sich endlich wieder nach oben zu wenden. An den nahe bei einander stehenden Wurzeln sind sie sehr breit und verjüngen sich sehr rasch nach der Spitze.

b) Unterfamilie: **Ziegen und Schafe** (Ovinae). Die Mitglieder dieser Unterfamilie sind meist mittelgroße Wiederkäuer, die niemals runde, sondern seitlich zusammengedrückte, rückwärts oder seitwärts gerichtete Hörner haben, die durch stärkere oder schwächere Wulste runzelig erscheinen und entweder nur dem männlichen oder auch dem weiblichen Geschlechte zukommen. Ihre ursprüngliche Zweizahl kann bei domestizierten Formen überschritten werden. Die Schnauze ist ganz oder bis auf eine kleine Stelle zwischen den Nasenlöchern behaart. Alle haben kurze, etwas abgerundete Afterklauen und die meisten Klauendrüsen. Ebenso ist die Gegenwart von Thränengruben die Regel. Die Weibchen haben bloß 2 Zitzen. Die Tiere bewohnen Europa, das nördliche Asien bis zu und mit dem Himalaja (mit einer versprengten Art auf den Nilgiris im südlichen Vorderindien), Persien, Kleinasien, die Hochlande von Abessinien und den Atlas. In Nordamerika findet sich eine Art, das Berg- oder Dickhornschaf, im Felsengebirge, und eine zweite, der Moschusochs, im Nordwesten und in Grönland bis weit über den Polarkreis hinaus. Die meisten Formen sind Bewohner der hohen und höchsten Gebirge, denen ihrer ganzen Natur nach auch die niederen Polargegenden entsprechen. Sie leben gesellig, bilden aber nie so große Herden wie Antilopen.

Die Unterschiede zwischen Ziegen und Schafen sind nicht derart, daß man aus beiden Gruppen eigene Unterfamilien machen könnte.

α) Gruppe: Ziegen (Capra). Die Ziegen haben eine kräftige, gedrungene Gestalt, eine breite und hohe Stirn und eine spitz zulaufende Schnauze. Die Hörner sind seitlich stark zusammengedrückt und mit kräftigen Querwülsten versehen. Sie sind bei den männlichen Individuen ansehnlicher, kantiger und rauher als bei den weiblichen und bilden entweder einen einfach nach hinten gebogenen Kreisabschnitt oder sind etwas spiralig gewunden und enden in einer nach außen oder innen gerichteten Spitze. Bei der Schraubenziege sind sie schraubenförmig gewunden. Die meisten Arten haben einen, besonders im männlichen Geschlechte stark entwickelten Kinnbart und tragen den kurzen Schwanz aufrecht. Die längere Achse der nicht runden Pupille steht senkrecht. Thränengruben und Klauendrüsen sind nur in seltenen Ausnahmefällen vorhanden. Die wilden Formen haben ein im Sommer bisweilen stark schwindendes Wollvlies und rauhere und längere Grannenhaare. Die munteren und lebhaften, gewandt kletternden Tiere haben in der Neuen Welt keine Vertreter.

Die echten Ziegen (Hircus) haben seitlich stark zusammengedrückte Hörner, die vorn mit einer Art Kiel versehen sind. Die Schraubenziege (Hircus Falconerii, S. 91) oder der Markhur ist ein schönes, durch seine schraubenförmig gewundenen, beim Bock fast 1 m lang werdenden, nahezu geraden, nur an der Spitze schwach gebogenen Hörner sehr auffallendes Tier. Sie hat eine Rücken- und Halsmähne, und die letztere geht in den sehr starken Bart über. Ihre Hauptfarbe ist ein unreines Weiß, die Seiten sind braun, ebenso die Schnauze und das Kinn und eine Fessel an den Vorderfüßen. Der Bart und die Hörner sind schwarz. Die Schraubenziege bewohnt die Gebirge im nordwestlichen Indien, den Hindukusch, Tibet und Afghanistan.

Ein größeres Wohngebiet hat die Bezoarziege (Capra aegagrus), die sich von Afghanistan und Belutschistan über den Taurus und den Kaukasus bis auf einige Inseln des griechischen Meeres (z. B. Kreta), vielleicht bis in die wenig besuchten Gegenden des Balkan verbreitet. Die Hörner alter Böcke sind sehr kräftig und groß (über 80 cm lang), an der Vorder- und Hinterseite gekielt, mit 10—12 Knoten, und beschreiben nahezu einen Halbkreis. Der Bart ist stark, auch bei der Ziege, das Wollvlies ist gering, aber die Grannenbehaarung kräftig entwickelt. Die Farbe ist graurötlich, an der Unterseite des Halses sehr dunkelbraun, am Bauch und an der Innenseite der Schenkel weiß. Ein wohlmarkierter schwarzer Mittelstreifen läuft über den Rücken und nimmt die Oberseite des Schwanzes ein.

Die Bezoarziege ist sicher eine der Stammarten der Hausziege, doch dürfte diese, wenigstens in einigen Rassen (Angoraziege), auch Blut der Schraubenziege, vielleicht auch noch von anderen west- und zentralasiatischen, bis jetzt noch nicht bekannten Wildziegenarten in sich haben.

Die Ziege ist ein uraltes Haustier und bildet daher auch eine ganze Anzahl beträchtlich voneinander abweichende Rassen. Die schönste und vornehmste ist die Angoraziege (S. 91), die kleiner und kurzbeiniger als die gewöhnliche Ziege ist. Beide Geschlechter haben Hörner, die beim Bock groß, sehr schön und elegant gewunden sind. Das sehr weiche Vlies ist dicht, lang und in jeder Hinsicht üppig entwickelt. Nur das Gesicht, die hängenden Ohren und der untere Teil der Läufe sind kurz behaart. Die Farbe dieser Haare, die bloß eigenartig entwickelte Wolle ist, während die Grannenhaare fast völlig verschwunden sind, ist fast immer rein weiß. Die Heimat des schönen Tieres ist die Umgebung von Angora, einer kleinen Stadt in Kleinasien.

Die **Steinböcke** (Ibex) haben ungekielte Hörner, die vorn breit und hinten schmal sind. Die Tiere finden sich in verschiedenen, nahe miteinander verwandten Arten und Lokalrassen von den Pyrenäen, der Sierra Nevada und Sierra Ronda durch die Alpen (jetzt fast ganz ausgerottet), den Kaukasus und von hier einerseits bis in den Himalaja, anderseits bis in die sibirischen Hochlande. Eine weitere Art, der **Beden**, bewohnt die Sinaihalbinsel, das steinige Arabien und die Hochlande von Abessinien.

Der **Steinbock der Alpen** (Ibex alpinus, S. 92) ist ein sehr kräftiges, muskelstarkes Tier mit ganz schwachem Kinnbart, großen, 20wulstigen Hörnern, die unter Umständen zusammen 10 kg wiegen können. Die Hauptfärbung ist dunkelgrau mit einem Stich ins Rötliche, im Sommer dunkler als im Winter, die Umgebung der Augen, die Innenseite der Ohren, die Schnauze und die Unterseite des Halses sind etwas fahler. Auch an den kurzen kräftigen Beinen finden sich hellere Flecke. Seine Hufe sind ausnehmend stark und hart, und er spreizt sie bei rascher Flucht auseinander.

β) Gruppe: **Schafe**. Die Schafe haben in der Richtung von vorn nach hinten schwach zusammengedrückte, in derselben Richtung und seitwärts spiralig gekrümmte Hörner, meist mit queren Wellenrunzeln, selten glatt. Ein Bart fehlt, aber es findet sich manchmal eine starke Mähne. Thränengruben und Klauendrüsen sind fast immer vorhanden. Die Haare sind ziemlich verschieden, bald straffer und schlicht, bald weicher und gekräuselt. Diese Gruppe verbreitet sich über das ganze von der Unterfamilie überhaupt bewohnte Terrain.

Die Gruppe umfaßt 2 Gattungen: Schafe und Moschusochsen.

Das **Bergschaf** (Ovis montana, S. 95) hat einige Eigentümlichkeiten (besonders schlichtes, straffes Haar), die es an Ort und Stelle während einer langen Isolierung erworben haben dürfte, und es kann das das Felsengebirge Nordamerikas bewohnende Tier als der äußerste Ausläufer der Kette von Arten und Lokalrassen der Wildschafe aufgefaßt werden, die im Atlas und in Spanien beginnt, sich über Corsica, Sardinien (früher auch über Griechenland), über die west- und zentralasiatischen Gebirge bis nach Kamtschatka hinzieht. Die Hörner des Bergschafes sind gewaltig umfangreich, wohl im Verhältnis die stärksten, die es überhaupt bei hohlhörnigen Wiederkäuern gibt, sie sind, entlang der fast kreisförmigen Krümmung gemessen, fast 70 cm lang, dabei haben sie einen bedeutenden Durchmesser, so daß es wohl erklärlich wird, daß sie zusammen bis 25 kg wiegen können. Die Farbe des noch wenig gekannten, das Felsengebirge vom 68. bis zum 40. Grad nördlicher Breite und besonders die unter dem Namen mauvaises Terres bekannten Gegenden bewohnenden Wildschafes ist hauptsächlich dunkel graubraun, bisweilen (vielleicht im Alter, im Winter oder im hohen Norden) heller.

Weit bekannter ist der **Mufflon** (Ovis musimon, S. 93), der gegenwärtig Sardinien und Corsica, früher auch Südspanien und die Balearen, vielleicht überhaupt weitere Striche Europas bewohnte. Die Hörner, die den Weibchen zu fehlen pflegen, sind sehr groß, an der Basis fast gleichseitig dreieckig, platten sich aber weiter nach oben von rechts nach links mehr ab. Sie beschreiben fast einen Kreis, wenden sich erst nach hinten, dann nach unten und außen und endlich wieder nach vorn. Das kurze, straffe, unten am Hals und an der Brust etwas verlängerte Vlies ist dunkelbraun, an der Schnauze, der Brust, dem Bauch und oben an der Innenseite beider Gliedmaßenpaare weiß. Verwandte Arten leben in den Hochgebirgen Mittelasiens von Kleinasien bis Kamtschatka. Wir wissen nicht viel über diese Formen, die zum Teil wahrscheinlich nur Lokalrassen sind.

In Afrika werden die Wildschafe durch das **Mähnenschaf** (Ovis tragelaphus, S. 93) vertreten, das das Atlasgebirge, Nubien, Kordofan, Abessinien und Ostägypten bewohnt. Es hat, wie eine andere, in den Gebirgen von Nepal vorkommende Art (O. nahoor), keine Thränengrube. Bemerkenswert ist die Entwickelung des rotbraunen Vlieses zu einer bis 20 cm langen Mähne an Kehle, Vorderbrust, dem oberen Teile der Vorderbeine, Oberhals und Widerrist.

Das **Hausschaf**, das schon die alten Pfahlbauern hatten, dürfte von mehreren Wildschafen aus der Musimonsippe abstammen, vielleicht daß auch bei gewissen Rassen Verwandtschaften zum Mähnenschaf hereinspielen. Der Mensch nimmt am Schaf wesentlich ein doppeltes Interesse, der Wolle und des Fleisches wegen, und muß danach die künstliche Zuchtwahl wirken lassen. Milch und aus ihr bereiteter Käse kommen nur ganz beiläufig in Betracht.

Die zahlreichen Rassen und Unterrassen lassen sich in **kurzschwänzige** (Urrassen) und **langschwänzige** (Kulturrassen) einteilen: jene haben bis 13, diese mehr als 13 Schwanzwirbel. Wir können hier nur einige der wichtigeren Rassen hervorheben. Die kurzschwänzigen, meist dunkelfarbigen, selten weißen und dunkelhörnigen Heidschnucken (S. 94), bei denen auch die Weibchen gehörnt sind, haben grobes, langhaariges Vlies und sind wesentlich Fleischschafe, die in den Heidegegenden des nördlichen Europa in mehreren Unterrassen gezogen werden. Das namentlich in England allgemein verbreitete, gleichfalls kurzschwänzige Leicesterschaf ist ein gutes Fleisch-, aber zugleich auch ein Wollschaf, mit weißem, langem, etwas lockigem Grannenhaar. Ausgesprochene Wollschafe sind die Merinoschafe (S. 94) mit ihren verschiedenen Unterrassen, von denen in Deutschland namentlich die Elektoral- und Negrettischafe gezüchtet werden.

Der Moschusochs (Ovibos moschatus, S. 95), der die einzige Art der zweiten Gattung der echten Schafe ist, kann als einer der in jeder Beziehung merkwürdigsten Wiederkäuer bezeichnet werden, und es ließe sich sehr wohl verteidigen, wenn man eine eigene Unterfamilie der Wiederkäuer aus ihm bilden wollte. Er ist ein wahres Verbindungsglied zwischen den Schafen und den Rindern, und lange Zeit hat man ihn thatsächlich den letzteren zugezählt. Gleichwohl herrschen Schafcharaktere bei dem Tiere vor: er hat keine nackte Schnauze, keine Halswamme, nur ein kurzes Stummelschwänzchen und nur 2 Zitzen am Euter. Die kurzen Hörner des Moschusochsen sind an den Basen, mit denen sie zusammenstoßen, sehr breit, krümmen sich etwas nach außen und nach abwärts und endigen in aufrecht stehenden Spitzen. Die Behaarung ist mit Ausnahme des Kopfes und der unteren Teile der Beine sehr lang und dicht, und mit Ausnahme der Füße, der Schnauze und eines Sattels in der Rückenmitte, wo sie weiß ist, von sehr dunkelbrauner, fast schwarzer Farbe. Die Hufe sind klein und machen die Tiere zum raschen Lauf auf Eis, gefrorenem Schnee und Felsen sehr geschickt.

Die Moschusochsen, die einst weit über die nördlichen Teile der Erde verbreitet waren, finden sich jetzt nur noch und zwar herdenweise in Grönland und in Nordamerika jenseits des 60. Grades nördlicher Breite.

c) Unterfamilie: **Rinder** (Bovinae). Diese aus 13 Arten bestehende Unterfamilie der hohlhörnigen Wiederkäuer enthält die größten und kräftigsten Formen der ganzen Familie, deren Hörner nach außen gedreht und mindestens an der Spitze rollrund sind. Thränengruben und Klauendrüsen fehlen, die Schnauze ist nackt, und die weiblichen Individuen haben 4 Zitzen. Die Beine sind kräftig, aber nicht sehr hoch, der Schwanz ist lang und entweder im ganzen oder an der Spitze länger behaart als der übrige Körper, an dem die Behaarung mit wenig Ausnahmen durchaus glatt und fest anliegend ist.

Die wilden Rinder haben die Verbreitung der ganzen Familie, nur gehen sie weniger hoch nach Norden hinauf wie die Schafe und Moschusochsen. In Europa und Nordamerika halten sie sich (in derselben Art) nur noch unter Zuthun des Menschen. Auch in Asien, nördlich von den zum Himalaja gehörigen Gebirgen hat diese Familie, abgesehen vom Kaukasus, keine Vertreter; im südlichen geht sie aber und noch dazu in einer bloß hier vorkommenden, sehr eigentümlichen Art bis Celebes. In den Hochgebirgen Tibets findet sich ein Rind noch bei 6000 m Höhe.

Die Celebes bewohnende Rinderform, der Anoa (Anoa depressicornis, S. 96), hat manche Ähnlichkeit mit den Antilopen und wird wohl auch Celebes-Antilope genannt. Der Anoa ist die kleinste lebende Art der wilden Rinder, da sie bei einer Höhe am Widerrist von 1,4 m nur 2 m Länge erreicht, wovon 30 cm auf den in einer Haarquaste endigenden Schwanz entfallen. Der Kopf ist breitstirnig und gegen die nackte Schnauze hin etwas zugespitzt. Die geraden, im unteren Teile nahezu dreiseitige Pyramiden darstellenden, im oberen Teile runden Hörner beginnen mit breiten, ziemlich weit auseinander stehenden Basen, verjüngen sich nach der Spitze zu rasch, sind nach hinten gerichtet und divergieren nach außen. Der Hals ist für ein Rind auffallend lang. Die wenig dichte Behaarung ist dunkelbraun, am Kopf und innen an den Ohren heller. Die Fesseln beider Gliedmaßenpaare sind weiß. Dieses merkwürdige Tier bewohnt die Gebirgswälder von Celebes. Über sein Freileben ist wenig bekannt.

Am nächsten mit dem Anoa ist unter den Rindern die Gattung der schwerfälligen, plumpen Büffel verwandt (Bubalus), die eine kurze, gewölbte Stirn, einen kurzen Hals, kurze, starke Beine, eine breite, nackte Schnauze, einen bequasteten Schwanz und in der Regel ansehnliche Ohren haben. Die Hörner wurzeln weit hinten am Schädel, sind stark, an der Basis sehr dick, auf ihrer Oberfläche höckerig oder wulstig, biegen sich erst rück- und abwärts, dann seit- und endlich aufwärts. Das sehr schwache Haarkleid verrät die Wasserfreunde. Von den 5 Arten dieser Gattung sind 3 kontinental-afrikanisch, eine findet sich im nördlichen und mittleren Indien, und sie ist wahrscheinlich die Stammform einer auf die Sundainseln, Timor, Celebes und die Philippinen vom Menschen eingeführten und dann verwilderten fünften, scheinbar eigenen Art.

Der in der Jugend schwach behaarte, im Alter fast ganz nackte, bläulichschwarze Kaffer- oder Schwarzbüffel (Bubalus caffer, S. 97) ist ein sehr starkes, wildes und gefährliches Tier mit verhältnismäßig kurzen Hörnern. Diese sind an der Basis ungeheuer breit und stoßen beim Bullen oben auf dem Scheitel zusammen (bei der Kuh nicht), verjüngen sich aber nach der Spitze zu sehr rasch, richten sich erst nach unten und vorn, dann nach oben und hinten und mit der Spitze endlich wieder nach oben und innen. Der Kafferbüffel ist ein Herdentier des östlichen und zentralen, früher auch des südlichen Afrika bis zur Kapstadt, also im ganzen des nicht oder nur gering bewaldeten. Die Jagd auf dieses Tier ist ein sehr gefährliches Vergnügen.

Quer durch das zentrale Afrika von den Gestaden des Atlantischen Ozeans im Westen bis zum oberen Nil im Osten lebt, und stellenweise mit dem Kafferbüffel zusammen, eine andere wesentlich kleinere Art, der Rotbüffel (Bubalus brachyceros, S. 96). Die Färbung schwankt, wie es scheint, nach der engeren Heimat dieser Tiere von rötlichgelb bis beinahe schwarz. Die Behaarung ist etwas besser als beim Kafferbüffel entwickelt, stellenweise ist sie, wie am Schwanzende und am Oberrande der großen Ohren, sogar zottig. Das Gehörn ist, wie es scheint gleichfalls als lokale Rasseneigentümlichkeit, sehr verschieden gestaltet, aber immer wesentlich geringer als beim Kafferbüffel entwickelt, auch bildet der Rotbüffel nie so große Herden wie dieser.

Ein weit schwächeres Rind, aber, was die Färbung anlangt, das schönste von allen wilden Arten, ist der Hinterindien von Birma an, Ostsumatra, Borneo und Java bewohnende Banteng (Bibos sondaicus, S. 98). Sein Fell ist oben schwarzbraun, nach den Seiten hin dunkler, auch der Schwanz ist oben von der Farbe des Rückens, unten an der Wurzel aber weiß, und um die Afterregion herum steht ein großer, weißer Spiegel, auch sind die 4 Gliedmaßen von der Fessel an abwärts weiß. Die kleinen, schwarzen, weit auseinander stehenden Hörner bilden zusammen einen eleganten Halbmond. Auch die Gestalt des Tieres muß für ein Rind als elegant bezeichnet werden. Die kleinhörnige Kuh ist da, wo der Bulle dunkelbraun ist, hell rötlichbraun und hat einen dunkeln Rückenstreifen. Die Rippen dieses in feuchten Wäldern hausenden Tieres sind flach und außerordentlich breit. Der Banteng läßt sich leicht zähmen und geht mit dem Hausrinde Kreuzungen ein.

Gebirgige und waldige Gegenden Vorderindiens bewohnt der Gaur (Bibos gaurus, S. 97), der größer und schwerer als der Banteng wird, ihm aber in der Färbung gleicht, nur fehlt ihm hinten der weiße Spiegel.

Eine andere hinterindische Rinderform ist der Gayal (Bibos frontalis), dessen Kühe sehr ähnlich wie der Gaur gefärbt, während die größeren und plumperen Bullen einfarbig braunschwarz sind. Die kurzen, unten sehr dicken, kegelförmigen, sich nur in geringem Grade biegenden Hörner sind bei den männlichen Individuen weit stärker als bei den weiblichen und flankieren eine mächtige, breite Stirn.

In seiner Körpergestalt gleicht der Gayal schon einigermaßen den Angehörigen der Gattung der Wisent (Bison), die in einer Art, aber 2 Lokalrassen (europaeus und americanus, S. 100), einst den größten Teil Europas und Westasiens einerseits und Nordamerikas anderseits in großen Herden bewohnten, jetzt aber in diesen Ländern nur an einzelnen Stellen und wesentlich unter Schutz seitens des Menschen ihr kümmerliches Dasein fristen: in Europa im Walde von Bialowicza in Litauen, in Asien am nördlichen Abhang des Kaukasus und in Nordamerika im Nationalpark des Yellowstone-Thales. Die Stirn dieser Rinderform ist sehr breit und vorgewölbt, ihre kurzen Hörner und ihre kleinen Augen stehen weit auseinander. Durch die kolossale Entwickelung der oberen Dornfortsätze der ersten Rückenwirbel haben die Tiere ein hochbuckeliges Widerrist, wie es keinem anderen Säugetiere eigen ist. Hierdurch fällt die Rückenlinie nach der wesentlich schwächeren hinteren Körperhälfte sehr stark ab. Die Haare sind weich, von graubrauner Farbe und werden im Winter zu einem wahren Wollvlies. An der vorderen Körperhälfte bilden sie eine Art von Mähne. Die Kühe sind in allen Punkten schwächer. Die amerikanische Rasse hat einen größeren Kopf als die altweltliche, auch ist bei ihr die vordere Körperregion in jeder Beziehung, im Buckel, in der Behaarung ꝛc., stärker entwickelt.

Wir haben nur noch eine wilde Rinderart zu betrachten: das ist der Yak oder Grunzochse (Poëphagus grunniens, S. 99), ein echtes, die westlichen, zum Himalaja gehörigen Berge zwischen 4000 und 6000 m bewohnendes Gebirgstier. Durch ihre starke, lange und weiche Behaarung, die an den Seiten und den Beinen bis zur Erde reicht, erinnern die Tiere entfernt an die Moschusochsen, doch haben sie einen langen, sehr stark behaarten Schwanz, der auf dem Boden schleift. Die alten Individuen sind schwarz, an den Seiten mit einem braunen Hauch, bisweilen mit einem weißen Schwanz und einem weißen Stirnflecken. Die Hörner sind nicht allzu groß, glatt, halbmondförmig und biegen sich auf-, aus-, auch etwas vorwärts und mit der Spitze nach innen. In seinem Vaterlande wird der Yak seit langer Zeit gezüchtet und ist ein wahres Haustier geworden, das als solches auch eine sehr verschiedenartige Färbung angenommen hat.

Eins der nützlichsten, wenn nicht das nützlichste Haustier, das die vielseitigste Verwendung durch Fleisch, Milch nebst den aus ihr gewonnenen Produkten, Haut, Horn, Knochen, Dung und Arbeitskraft findet, ist das Hausrind. Die Geschichte der Züchtung des Hausrindes verliert sich in die graue Vorzeit, und wir können über seine Herkunft, wie über die so vieler Haustiere, nur mehr oder weniger einleuchtende Vermutungen aufstellen.

Es ist sehr wahrscheinlich, daß das Hausrind verschiedene Stammväter hat, und daß durch Kreuzungen von deren Nachkommen in verschiedenen Graden die mannigfachen Rassen jenes Haustieres zu stande gekommen sind. Wir sahen im Vorhergehenden, daß der Mensch noch heutigentags wilde Rinder zähmt und gezähmte mit wilden kreuzt. Es ist sehr möglich, daß das älteste europäische Hausrind von dem in historischer Zeit ausgestorbenen wilden Auerochsen (Bos primigenius) und vielleicht von einer oder zwei anderen, früher ausgestorbenen Arten abstammt, das indische und durch dieses das afrikanische aber von indischen wilden Formen, vom Banteng, oder vom Gaur oder Gayal, oder ein Mischprodukt aus allen dreien ist. Wir können auf das Wesen der verschiedenen Rinderrassen hier unmöglich näher eingehen und müssen uns begnügen, nur ein paar flüchtig zu streifen.

Das schönste Hausrind ist das in einigen Wildparken Nordenglands und Südschottlands in halbwildem Zustande gehegte Parkrind von milchweißer Farbe mit schwarzer Schnauze, schwarzen Ohren, Hörnern und Hufen.

In Nordwesteuropa ist der Holländer Schlag (S. 101) der verbreitetste, den manche Forscher für die unvermischte Nachkommenschaft des Wisent halten. Der Schweiz entstammt der Freiburger Schlag. Eine häßliche, dickleibige, kurzbeinige, kleinköpfige, aber hinsichtlich des Fleisches unübertroffene Rasse ist das dem östlichen England angehörige Durhamrind (S. 101).

Eine andere Gruppe von Hausrindern bilden die Höckerrinder, die in zwei großen Hauptrassen, in die afrikanischen oder Sangas und in die indischen oder Zebus (S. 98), zerfallen. Die afrikanischen Höckerrinder sind jedenfalls kein Landesprodukt, sondern stammen von in sehr früher Zeit eingeführten indischen ab, ob man nun den Ursprung dieser auf den Banteng oder auf andere Arten zurückzuführen habe, ist noch nicht mit Sicherheit festgestellt. In der Färbung, Beschaffenheit der Hörner (es gibt hornlose, kurz- und langgehörnte Formen) und in der Größe schwanken die Tiere sehr, aber allen ist der, an und für sich bedeutungslose, nach hinten überhängende Fettbuckel eigentümlich, ein Produkt der künstlichen Zuchtwahl, wie es wahrscheinlich auch der einfache Rückenhöcker Dromedars und der des doppelte des Trampeltieres ist.

5. Ordnung: **Unpaarzeher (Perissodactyla).**

Die Unpaarzeher sind große Säugetiere mit Schneidezähnen auch im Oberkiefer, meist auch mit Eckzähnen, mit 3 Zehen an den hinteren, 4 an den vorderen Gliedmaßen, oder mit 3 Zehen oder mit 1 Zehe an allen vieren. Der Schwund der ursprünglichen Fünfzahl der Zehen der Ahnen dieser Ordnung ging nach und nach so vor sich, daß erst die innerste, dann die äußerste bei den dreizehigen, dann die zweite, darauf die vierte bei den einzehigen in Wegfall kamen. Der Schwindprozeß begann wahrscheinlich an der hinteren Extremität. Die Perissodactylen haben kein Schlüsselbein und einen einfachen Magen. Die Zitzen stehen in den Weichen. Diese Ordnung ist arm an Familien, aber diese sind die sehr verschiedenartig entwickelten Überreste eines in der

Vorwelt mächtigen Tierstammes. Vertreten ist sie auf dem Kontinent des tropischen Amerika, in der südlichen Hälfte des nördlichen Asien, am familienreichsten in Indien, am artenreichsten in dem kontinentalen Afrika. Abgesehen von Westindien, Madagaskar, der indisch-australischen Inselwelt, östlich von Java, fehlen Unpaarzeher gegenwärtig auch noch in Europa und Nordamerika.

1. Familie: **Tapire** (Tapiridae). Diese eigentümlich verbreitete Familie hat 4 Arten, zum Teil allerdings von sehr zweifelhaftem Werte, in den Gebirgen von Zentralamerika und eine in Malakka, auf Sumatra und Borneo. Die Tapire sind mittelgroße Tiere von ziemlich gestreckter Gestalt und einem pyramidenartig zugespitzten Kopf, der in einen kurzen, des Greifens fähigen, vorn abgestumpften Rüssel ausläuft. Die Augen sind klein, die Ohren mäßig groß, oben abgerundet, der Schwanz ist stummelartig entwickelt, die vorn vier-, hinten dreizehigen Gliedmaßen sind kräftig. Die Behaarung ist nicht stark, kurz und steigert sich nur entlang der Mitte des Nackens gelegentlich zu einer niedrigen Mähne. Die Hufe sind nicht groß, aber kräftig. Oben und unten finden sich jederseits 3 Schneidezähne, 1 Eckzahn, Backenzähne sind oben 7 und unten 6 vorhanden. Die Tiere sind ausschließlich Pflanzenfresser und führen ein amphibisches Leben.

Die indische Art, der Schabrackentapir (Tapirus indicus), ist ein schönes Geschöpf. Sein Kopf und Hals, das vordere Viertel des Rumpfes, die Gliedmaßen, die Steißregion nebst der unteren Hälfte des Schwanzes und ein breiter Längsstreifen der Unterseite sind tiefschwarz, die Ohrenränder und der nicht schwarze Teil des Rumpfes ist weiß mit einem Stich ins Bläulichgraue. Eine Nackenmähne ist nicht vorhanden.

Von den 4 oder 5 nur teilweise näher gekannten Arten sei nur der Anta (Tapirus americanus, S. 102) erwähnt, von schwarzgrauer Farbe mit hellgrau gesäumten Ohren. Die Behaarung bildet eine kurze Nackenmähne. Der Anta ist kleiner als der Schabrackentapir. Er findet sich im südlichen und im östlichen tropischen und subtropischen Südamerika. In den nördlichen und westlichen Teilen dieses Kontinents wird er durch mehr oder weniger nahe verwandte Arten verteten. Es ist bemerkenswert, daß die so weit und jedenfalls auch sehr lange voneinander getrennten indischen und amerikanischen Formen einen so hohen Grad der Übereinstimmung in der Organisation bewahrt haben.

2. Familie: **Nashörner** (Rhinocerotidae). Die Mitglieder dieser, in der Gegenwart auf das tropische Asien und Afrika, ausschließlich Madagaskar, beschränkten Familie sind sehr große Tiere von außerordentlich plumper Gestalt, mit sehr dicker, in verschiedenem Umfange faltiger, meist fast völlig nackter oder nur sehr spärlich behaarter Haut, mit 1 oder 2 zapfenlosen Hörnern auf dem Nasenrücken, von denen, im Falle es ihrer zwei sind, das vordere das längere ist, und mit 3 Zehen an beiden Gliedmaßenpaaren. Im Ober- und Unterkiefer findet sich jederseits ein Paar Schneidezähne, die aber entweder gar nicht zum Durchbruch kommen oder zeitig verloren gehen und zwar oben zuerst die äußeren, unten die inneren. Eckzähne sind nicht vorhanden, wohl aber jederseits oben und unten 7 kräftige Mahlzähne. Es sind reine, das Wasser sehr liebende Vegetarier, die mehr einzeln oder in kleinen Trupps leben.

Man kann 2 Gruppen unterscheiden: eine einhörnige, indische, mit starkgefaltener Haut, und eine zweihörnige, afrikanische, mit mehr glatter Haut, aber beide sind geographisch doch nicht scharf geschieden, da es auch in Indien zweihörnige, glatthäutige Formen gibt.

Aus der indischen Gruppe sei das gewöhnliche einhörnige Nashorn (Rhinoceros unicornis) hervorgehoben, dessen Haut ein System von Platten bildet, die durch regelmäßig verlaufende, tiefe Furchen getrennt sind. Die Farbe ist bräulichgrau mit einem Stich ins Rötliche oder Bläuliche. Die Nase ist in der Umgebung des Horns ein wenig behaart, auch trägt das freie Schwanzende eine Haarquaste. Diese Nashornart findet sich in Vorder- und Hinterindien. Eine zweite einhörnige, kleinere Art (Rhinoceros javanicus), vielleicht auch nur Unterart, bewohnt Java und die anderen Sundainseln, ein zweihörniges (Rhinoceros sumatrensis) Sumatra und Malakka, ein zweites mit langhaarigen Ohrbüscheln (Rhinoceros lasiotis) Hinterindien und Malakka.

Bei den afrikanischen ist die Haut nur schwach faltig und niemals bilden sich auf ihr Schilder.

Die am längsten von ihnen in Europa bekannte Art ist das gemeine zweihörnige Nashorn (Rhinoceros bicornis, S. 102). Außer am Schwanze finden sich nur noch am Ohr einige sehr kurze, aber dicke Haare. Die Färbung ist schmutzig blau- bis rotgrau. Das Tier bewohnt den größten Teil Afrikas, besonders im Osten vom 15. Grad nördl. Br. an südwärts, einst bis in die Nähe der Kapstadt. Eine zweite sogenannte Art, der **Keitloa** (Rhinoceros Keitloa), unterscheidet sich nur durch ein längeres, hinteres Horn und ist kaum als Unterart anzusehen. Eine wirkliche 2. Art ist aber das **Stumpfnashorn** (Rhinoceros simus). Der sehr lange Kopf mißt über den vierten Teil des Körpers, ohne Schwanz, seine Oberlippe ist vorn nicht zugespitzt, und er trägt 2 Hörner, von denen das hintere nur kurz, meist etwa 12—15 cm lang ist, das vordere, gerade aufsteigende oder schwach nach vorn gebogene aber bis 1 m und darüber lang wird. Die Farbe ist weit heller als bei anderen Nashornarten, meist ein unreines Gelbgrau. Das gewaltige Tier bewohnt Südafrika.

3. Familie: **Pferde** (Equidae). Bei den Pferden, einer wenig differenzierten, nur eine Gattung (Equus) und 8 Arten enthaltenden Familie der Unpaarzeher ist die Zahl der Zehen an allen Füßen auf eine gesunken (d. h. auch „Einhufer"), die Mittelzehe, und die Tiere gehen auf den Spitzen der 4 ihnen gebliebenen Zehen, die mit zierlichen Hufen versehen sind. Doch können Reste der 2. und 4. Zehe, die innerlich stets vorhanden sind, auch äußerlich (als sogenannte „Kastanien") entweder an beiden Fußpaaren oder mindestens am vorderen auftreten. Die Pferde haben oben und unten jederseits 3 mit einem queren Eindruck versehene Schneidezähne, je einen kleinen Eckzahn und 6—7 Backenzähne mit breiter Kaufläche in jedem Kiefer. Der Schädel der Pferde ist gestreckt, ihre mittelgroße Gestalt ist zierlich, ebenso sind es die Beine. Der Schwanz ist wohl entwickelt und entweder nur am Ende oder ganz behaart. Das im übrigen kurze Haarkleid bildet nur noch auf dem Nacken eine seitlich herabhängende, oder eine aufrecht stehende kürzere Mähne. Wilde Pferde finden sich quer durch Mittelasien südlich bis zum westlichen Indien und gehen von hier ohne Unterbrechung durch Arabien, Syrien und das nordöstliche Ägypten in das kontinentale Afrika über. Sie sind Herden bildende Pflanzenfresser.

Gestreifte Wildpferde, von denen wohl 5 Arten angenommen werden, aber wahrscheinlich nur 3 mit Recht, sind ausschließlich zentralafrikanisch.

Das **Zebra** (Equus zebra) ist am ganzen Leib, auch an den Füßen, weiß und schwarz oder schwarzbraun gestreift. Es hat eine aufrechte, kurz-, aber dichthaarige Mähne und einen bloß am Ende lang-, sonst aber kurzbehaarten Schwanz. Sehr nahe verwandt mit dem Zebra, vielleicht artlich nicht von ihm verschieden, ist eine schmäler, aber dichter gestreifte Form (Equus Grevyi). Die Tiere bewohnen die waldarmen Gebiete Afrikas, besonders den Süden und Osten. Sie gleichen mehr Eseln als Pferden. Der **Dauw** (Equus Burchellii, S. 103) hingegen hat weit mehr das Ansehen eines Pferdes und ist die schönste wilde Art von ungefähr derselben Größe wie das Zebra. Die Farbe ist oben gelblichweiß, unten weiß; der Kopf, der Hals und die Mähne sind schmal schwarz und weiß; der Rumpf ist abwechselnd mit breiteren schwarzen und schmäleren braunen Streifen auf hellem Grund geziert, die Füße sind vom Knie- und Ellbogengelenk an einfach weiß. Es sei aber bemerkt, daß die Färbung der **Dauws** nicht unwesentlichen individuellen Schwankungen unterworfen ist. Die Heimat dieses Tieres ist Süd- und die östliche Hälfte von Mittelafrika bis nach Abessinien nordwärts.

Das **Quagga** (Equus quagga) ist etwas größer als der Dauw, hat einen in ganzer Ausdehnung langbehaarten Schwanz und eine kurze, aufrechte Mähne. Die Grundfarbe ist braun, nach dem Rücken und dem Kopf zu dunkler. Der Bauch, der Schwanz und die Innenseite der Schenkel sind weiß. Nur der Kopf, der Hals und die Oberseite des Rumpfes bis an die Hinterschenkel heran zeigen hellere und dunklere Streifen. Die Heimat des Quaggas ist Südafrika.

Der echte **Wildesel** ist der Stammvater unseres Hausesels und bewohnt in zwei Lokalrassen Afrika, als Equus africanus oder taeniopus die nördlichen Teile des mittleren Ostafrika von Hochnubien bis an das Rote Meer, und als Equus somalicus das Somaliland. Die erstere Unterart ist hell graulichgelb, unten heller mit einem schwarzen Schulter- und einem von diesem rückwärts laufenden, medianen Rückenstreifen. Auf den Fußteilen der Gliedmaßen finden sich nach innen nicht ganz durchgehende Querstreifen. Der Somali-Esel ist größer, mit hängender Mähne, ohne Schulter- und mit nur schwachem Rückenstreifen. Die Beine haben viele und deutliche, dunkle Querringe.

Der **Hausesel** (S. 103) ist ein sehr altes Haustier, dessen Züchtung schon in vorgeschichtlicher Zeit und wahrscheinlich zuerst in Oberägypten ihren Anfang nahm. Man unterscheidet den arabischen, ägyptischen und südeuropäischen, besonders spanischen Esel. In Nordeuropa ist das Tier entartet. Kreuzungsprodukte von Eselhengst und Pferdestute bezeichnet man als Maultiere, solche von Eselstute und Pferdehengst als Maulesel. Beide sind selten fortpflanzungsfähig.

Westasien wird von Syrien bis in das nordwestliche Indien vom Onager (Equus onager) bewohnt, einem zierlichen Wildpferd von gelblicher, beim Hengst durch ein doppeltes, dunkleres Schulterkreuz gehobener Farbe. Ostwärts schließt sich an den Verbreitungsbezirk des Onager der einer zweiten wilden Pferdeart, des Dschiggetai (Equus hemionus) oder Kulan an, der von den Ostabhängen des Ural bis zu den Nordabhängen des Himalaja und bis zur chinesisch-mongolischen Grenze gefunden wird. Er ist größer als der Onager und ein ungemein rasches, zartgliederiges Tier mit etwas schwerem Kopfe, geradem Rücken, einer kurzen, aufrecht stehenden Mähne und einem bloß am Ende behaarten Schwanze. Der Dschiggetai hat ein sandfarbenes Fell, das nach der Schnauze zu in Weiß und nach der Unterseite zu in ein sehr helles Grau übergeht. Entlang des Rückens verläuft ein mittler brauner Längsstreifen.

Die Tarpane (S. 104) der südrussischen Steppen werden wohl mit mehr Recht als verwilderte zahme Pferde, wie sie in vielen Gegenden der Erde vorkommen, denn als wirklich wilde angesehen.

In einem neuerdings in der Dsungarei entdeckten Wildpferde (Equus Przevalskii) glaubte man den wahren, bis dahin noch unbekannten Stammvater des Hauspferdes aufgefunden zu haben, was wieder mehr als zweifelhaft geworden ist, so daß die Geschichte der Herkunft unserer domestizierten Pferde nach wie vor in Dunkel gehüllt bleibt. Unser Wissen von der Zähmung des Pferdes ist nicht größer als unsere Kenntnis von der der meisten anderen Haustiere — sie fing in vorhistorischer Zeit an.

Man kann die Rassen der Hauspferde in 2 Gruppen teilen: in die der abendländischen und die der morgenländischen. Die ersteren sind im allgemeinen größer, schwerer und plumper. Zu ihnen gehören unter anderen die englische Vollblutrasse, die britische Ponyrasse, die Ardennerrasse, die dänische Rasse und noch 18 andere Rassen, die zum Teil wieder in zahlreiche Unterrassen zerfallen (die englische Ponyrasse z. B. in 4). Die morgenländische Gruppe umfaßt nur 4 Rassen, die häufig, wie die mongolisch-tatarische, sehr reich an Unterrassen und Schlägen sind. Auch das bekannte Trakehner Pferd (S. 104) ist morgenländischer Herkunft. Die berühmtesten Rassen dieser Gruppe sind die der Berberei und vor allen die arabisch-persische.

6. Ordnung: **Rüsseltiere (Proboscidea).**

Die Ordnung der lebenden Rüsseltiere umfaßt nur eine Gattung: Elefant (Elephas), mit 2 Arten: dem indischen (indicus) und dem afrikanischen (africanus).

Die Elefanten haben ein eigenartiges Gebiß. Die langen Hauer sind nicht etwa Eckzähne, die überhaupt fehlen, sondern Schneidezähne, denn sie finden sich im Zwischenkiefer und nur in ihm, normalerweise im Unterkiefer auch nicht rudimentär. Die 8 Backenzähne (2 in jeder Kieferhälfte) bestehen aus einer größeren Anzahl ursprünglich getrennter Lamellen, die erst sekundär miteinander durch Zement verschmelzen. Zuerst werden die vorderen schräg von vorn und unten nach hinten und oben abgeschliffen. Je mehr dieser Prozeß weiter vor sich geht, desto mehr rücken die hinteren Zähne nach vorn, so daß es eine Zeit im Elefantenleben gibt, wo der hintere Teil des vorderen und der vordere des hinteren zugleich in Thätigkeit sind. Der Körper der Elefanten ist außerordentlich plump gebaut, sehr kurz zu der Höhe des buckelartig entwickelten Widerristes. Der Hals ist kurz, der Kopf sehr groß, im Profil durch die Entwickelung großer und zahlreicher Lufträume in den betreffenden Knochen sehr steil ansteigend. Nach vorn verlängert sich die Schnauze in einen äußerst beweglichen, langen, durch eine innere Scheidewand der Länge nach geteilten Rüssel, der am sehr nervenreichen, einen sehr feinen Tastapparat darstellenden vorderen Ende die beiden Nasenlöcher und am oberen Rande einen fingerartigen, zum Greifen eingerichteten Fortsatz hat. Die Beine sind besonders plumpe Cylinder mit fast kreisrunder Sohle. Die 5 Zehen sind durch Haut so vollkommen miteinander vereinigt, daß die freie Bewegung der einzelnen ausgeschlossen ist, und haben platte nagelartige Hufe. Der Schwanz ist lang und trägt am Ende eine aus straffen, drahtartigen Haaren bestehende Quaste. Die Haut ist sehr dick, von vielen kleineren und größeren, spaltartigen Runzeln durchzogen, aber nur sehr spärlich behaart. Die Augen der Elefanten sind klein, ihre äußeren Ohren aber sehr groß.

Die Elefanten leben ausschließlich von pflanzlicher Kost, lieben den Aufenthalt in der Nähe das Wassers und bewohnen die für sie geeigneten Gegenden der altweltlichen Tropen.

Geistig sind die Elefanten sehr hoch, wenn nicht die am höchsten stehenden Tiere, besonders der indische.

Der afrikanische Elefant (Elephas africanus) hat ganz außerordentlich große äußere Ohren. Die gegenwärtigen, vielfach wechselnden Aufenthaltsorte der wanderlustigen Tiere sind wesentlich auf Zentralafrika beschränkt.

Der indische Elefant (Elephas indicus, S. 105) ist kleiner und verhältnismäßig niedriger. Sein Kopf ist vorn und oben gewölbter als beim afrikanischen, sein Rüssel ist dicker, seine Stoßzähne sind kürzer und seine äußeren Ohren bei weitem kleiner.

Die Heimat des indischen Elefanten ist fast ganz Vorder- und Hinterindien, soweit das Land nicht öde Steppe und das Tier nicht ausgerottet ist, sowie die Inseln Ceylon, Sumatra und Borneo. Die diese beiden letzteren Inseln bewohnenden Individuen bilden eine eigene Lokalrasse (Elephas indicus sumatranus).

7. Ordnung: **Klippdachse (Lamnungia).**

Diese kleine nur eine Familie (Hyracidae) mit einer Gattung (Hyrax), aber mit etwa 10, zum Teil allerdings sehr zweifelhaften Arten umfassende Ordnung bewohnt das kontinentale Afrika (auch auf Fernando Po wird eine eigene Art gefunden) und Syrien.

Die Klippdachse oder Damans sind kleine Tiere vom Nagetierhabitus, mit einem länglichen, cylindrischen Rumpf, kurzem Hals, großem, nach vorn zugespitztem Kopf, zierlichen, mittellangen Beinen, die vorn vier, hinten drei bis fast an die Spitzen in einer gemeinsamen Hautscheide steckende Zehen haben. Die Innenzehe der Hinterfüße trägt eine Kralle, die übrigen Nägel. Der Schwanz ist äußerlich kaum wahrnehmbar. Im Oberkiefer findet sich jederseits ein bleibender, dreikantiger, stark nach unten gebogener Schneidezahn, während die 2 jederseitigen des Unterkiefers eine horizontale Richtung haben. Die Schneidezähne wechseln in dem Maße, wie sie vorn abgenutzt werden, von hinten her nach. Eckzähne fehlen durchaus, so daß zwischen den Schneidezähnen und den 7 vierkantigen, mit einer Reibfläche versehenen Backenzähnen in jeder Seite des Ober- und Unterkiefers eine ansehnliche Lücke ist. Die Weibchen haben 6 Zitzen, werfen aber doch nur 2, schon auf einer hohen Stufe der Entwickelung stehende Junge.

Die Damans haben einen dichten, weichen Pelz, eine gespaltene Schnauze und kurze, runde Ohren. Die Fußsohlen haben in der Mitte eine Spalte, die sich beim Aufsetzen und Anpressen des Fußes auseinander gibt, so daß sich unter ihnen ein luftleerer Raum bildet. Auf diese Art saugen sich die Klippdachse beim Klettern an sehr steilen, ja senkrechten Felswänden, was sie ausgezeichnet verstehen, vorübergehend fest. Sie leben wohl ausschließlich von Pflanzenkost.

Die bekannteste Art ist der abessinische Damander Aschkoko (Hyrax abyssinicus, S. 106), welcher einen grau und braun gesprenkelten, unten etwas helleren Pelz hat. Der syrische Klippdachs wird schon im Alten Testament erwähnt; Luther hat seinen hebräischen Namen mit „Kaninchen" übersetzt.

8. Ordnung: **Nagetiere (Rodentia).**

Die Ordnung der Nagetiere ist die artenreichste der Säuger und umfaßt außerordentlich verschiedenartig entwickelte Elemente, die gleichwohl niemals mit den Angehörigen anderer Ordnungen verwechselt werden können, sondern sich durch einige äußere und innere Eigentümlichkeiten sofort als das ausweisen, was sie sind.

Da ist zunächst das Gebiß, das bei allen Nagern mit einziger Ausnahme der Hasen oben und unten in jeder Kieferhälfte einen einzigen Schneidezahn von hoch charakteristischer Beschaffenheit enthält, der durch die Art seiner Benutzung auch den Knochen des Kopfes aller Formen gewisse gemeinsame Eigenschaften verliehen hat. So verläuft namentlich die Längsachse der vorn offenen, gestreckt-ovalen zur Verbindung des Schädels mit dem Unterkiefer dienende Gelenkgrube ausnahmslos von hinten nach vorn, so daß die Bewegung des Unterkiefers in derselben Richtung sehr erleichtert, ein seitliches Ausweichen seiner Gelenkflächen aber so gut wie ausgeschlossen ist. Die Schneidezähne (Nagezähne) selbst sind stark gekrümmt und die oberen längeren greifen über die unteren weg. Alle haben nur an der vorderen Fläche einen harten Schmelzüberzug, wodurch sich beim Gebrauch die übrige Zahnsubstanz rascher abnutzt und der Zahn die Beschaffenheit einer Art von Meißel mit vorderer scharfer Kante annimmt. Die Zähne sind hinten hohl, ohne eigentliche Wurzel, reichen weit über, bez. unter die Backenzähne nach hinten und wachsen in demselben Maße, wie sie abgenutzt werden, nach. Sie sind keinem Wechsel unterworfen, und ihre Vorderseite ist öfters braungelb pigmentiert. Die Zahl der im Wurzelteil gleichfalls hohlen, mit breiter Kaufläche versehenen Backenzähne ist sehr schwankend (von 2—6 in jeder Ober- und Unterkieferhälfte), und sie sind von den Schneidezähnen durch weite Zwischenräume getrennt. Sehr selten fehlen die Schlüsselbeine (Familie der Ferkelhasen, Caviidae) oder sind rudimentär entwickelt (Familie der Stachelschweine und Hasen). Da bei den Ferkelhasen und Hasen zugleich die Elle und Speiche unbeweglich miteinander verbunden sind, können diese Tiere die Vorderpfoten nicht drehen und sie daher nicht, wie die übrigen Nager, dazu benutzen, das Futter zum Maule zu bringen. Meist finden sich an den Vorder- und Hinterfüßen 5 krallentragende Zehen.

Eine weitere gemeinsame, nur den Bilchmäusen abgehende Eigentümlichkeit ist innerer Natur: die bedeutende, bisweilen kolossale Entwickelung des Blinddarms. Das Gehirn ist bei allen Nagern gering entwickelt, klein, die Hemisphären sind (mit Ausnahme des Wasserschweins) windungslos und lassen das Kleinhirn unbedeckt.

Die Körperbedeckung ist sehr verschieden und schwankt vom weichsten Seidenhaar bis zu Borsten und Stacheln und kann auch in sehr verschiedener Dichtigkeit auftreten. Die oft sehr langen Schwänze sind bisweilen ganz oder fast ganz haarlos und mit einem verhornten Epithel überzogen. Die Spitze der Schnauze und die Oberlippe können in verschiedenem Umfange gefurcht und gespalten sein. Verschiedene Formen haben Backentaschen, deren Innenseite mit Haaren besetzt sein können, und die zum Eintragen von Nahrung dienen.

Die Sinnesorgane sind im allgemeinen mittelmäßig, einzelne bei einzelnen sehr gut entwickelt. Bei den unterirdisch lebenden Blindmollen sind die Augen, wenn sie auch alle typischen Bestandteile enthalten, rudimentär, sehr klein und von der äußeren Haut überzogen. Denselben Tieren und einigen anderen Formen fehlen äußere Ohren. Die Zahl der Zitzen beträgt von 2—14; sind ihrer sehr viel, so bleiben sie nicht auf dem Bauch beschränkt, sondern können auch an die Brust hinaufrücken. Die meisten Nager sind sehr fruchtbar.

Sie sind kleine bis sehr kleine Tiere, die größte Art wird etwa 1 m, die kleinste 7 cm lang. Auch die äußere Gestalt bietet große Verschiedenheiten, je nachdem man es mit laufenden, springenden, kletternden, grabenden, schwimmenden, selbst vorübergehend schwebenden Formen zu thun hat. Die meisten sind reine Pflanzenfresser, doch sind viele nebenher auch auf tierische Kost sehr erpicht.

Die Nagetiere sind fast kosmopolitisch verbreitet und fehlen ursprünglich nur auf den ozeanischen Inseln, wohin sie jetzt auch in Gefolgschaft des Menschen gekommen sind (Ratten und Mäuse). Neuseeland soll eine eigene Rattenart besessen haben, die vielleicht mit den Maoris einwanderte und jetzt ausgerottet sein soll. Die Nager haben bis zum äußersten Norden Vertreter, und Arten von ihnen gehen in den Hochgebirgen bis in die Regionen des ewigen Schnees.

Wir teilen die Ordnung in 6 Unterordnungen, in die der hasen-, stachelschwein-, taschennager-, maus-, dscherboa- und eichhornartigen Nager.

A. Unterordnung: **Hasenartige Nager (Lepores).** Die Angehörigen dieser Unterordnung haben oben jederseits 2, ringsum mit Schmelz bedeckte Schneidezähne, der kleinere äußere liegt hinter dem größeren inneren.

Es gehören hierzu 2 Familien:

1. Familie: **Echte Hasen** (Leporidae), mit kurzem, buschigem Schwanz (Blume), langen Ohren (Löffeln), verlängerten und verdickten, zum Springen eingerichteten Hinterbeinen (Hinterläufen) und verkümmerten Schlüsselbeinen.

Hasen finden sich in ganz Europa und Asien mit Ausnahme der Malaiischen Inseln, im kontinentalen Afrika mit Ausnahme des tropischen Westens, in ganz Nordamerika und im kontinentalen Südamerika mit Ausnahme Chiles. Nach Norden und in den europäischen Gebirgen geht der Schneehase (Lepus variabilis) hoch hinauf. Der gemeine europäische

Feldhase (Lepus timidus, S. 106) fehlt in Nordeuropa, geht aber östlich bis Persien. Das Kaninchen (Lepus cuniculus, S. 107) stammt aus Südeuropa, ist seit dem Altertum gezähmt, aber an vielen Punkten der Erde, auch in Deutschland, auf den Madeirainseln, den Antillen, Falklandinseln, ganz besonders aber in Australien verwildert und bildet teilweise von der Stammart in Größe, Färbung und Lebensgewohnheiten sehr abweichende geographische Rassen. Man unterscheidet neben dem gemeinen Kaninchen noch zwei Kulturrassen: das Widder- und Angorakaninchen. Der Leporide oder das Hasenkaninchen soll ein problematisches Kreuzungsprodukt zwischen Hasen und Kaninchen sein. Es gibt zwischen 30 und 40, teilweise sehr unsichere Hasenarten.

2. Familie: **Pfeifhasen** (Lagomyidae). Diese Familie umfaßt eine Gattung (Lagomys) und 11 Arten, die selbstgegrabene Höhlen in gebirgigen, wüsten Gegenden Nordasiens von den Abhängen des Himalaja bis zum Polarkreis und das nordamerikanische Felsengebirge bewohnen. Sie haben kurze Hinterfüße, kurze Ohren und ein vollkommen entwickeltes Schlüsselbein. Der Alpenpfeifhase (Lagomys alpinus, S. 107) kommt rötlichbraun und schwarz vor und findet sich in den Gebirgen Zentralasiens.

B. Unterordnung: **Stachelschweinartige Nager (Hystrices).** Diese Unterordnung enthält sehr verschieden entwickelte Bestandteile, die wesentlich nur in einigen Eigentümlichkeiten des Knochenbaues und darin, daß alle oben und unten 4 Backenzähne in jeder Kieferhälfte haben, sonst aber äußerst wenig übereinstimmen. Bei weitem die meisten Angehörigen dieser Unterordnung sind kontinental-amerikanisch.

1. Familie: **Chinchillen** (Chinchillidae). Die Chinchillen haben ansehnliche Ohren, lange, buschige Schwänze, einen weichen und dichten, seidenartigen Pelz. Sie sind Bewohner Südamerikas, besonders seiner gebirgigen Teile. Die Wollmaus (Eriomys lanigera, S. 108) ist etwa so groß wie eine Ratte, die große Chinchilla (Eriomys chinchilla, S. 109) ist größer. Beide Arten liefern ein sehr gesuchtes Pelzwerk. Die Viscacha (Lagostomus trichodactylus, S. 108) ist bedeutend größer und bewohnt das Flachland des südlichen Südamerika.

2. Familie: **Trugratten** (Octodontidae). Rattenähnliche Nager mit kurzen, nur in der unteren Hälfte behaarten Ohren, langem, meist beschupptem Schwanze, vorn nur mit 4, hinten mit 5 Zehen. Sie bewohnen Südamerika von Brasilien bis Feuerland, die Antillen und in je einer Art das nordwestliche und das östliche Afrika. Die bekannteste Art ist der Schweifbiber (Myopotamus coypa), eine Wasserform des gemäßigten Südamerika. Die Hutia-Cong (Capromys pilorides, S. 110) gehört in die Gattung der Ferkelratten, von deren 3 Arten zwei Cuba und eine Jamaica bewohnen. Die in Frage stehende Art kommt von Cuba, hat einen oben tief dunkelbraunen, unten helleren Pelz. Der Tukotuko (Ctenomys magellanicus) gehört zu der Gattung der das gemäßigte Südamerika bewohnenden Kammratten, die sich durch den Besitz eigenartiger, kammähnlicher Borsten oberhalb der Nägel der Hinterfüße auszeichnen. Sie wohnen in selbstgegrabenen Höhlen, lassen häufig den Ruf Tukotuko erschallen und haben den Habitus des Hamsters, nur sind sie kleiner. Die typische Gattung dieser Familie sind die Achtzahner (Octodon), oben und unten jederseits mit 4 Backenzähnen, mittellangen Ohren und ziemlich langem, im hinteren Drittel stark behaartem Schwanze. Der Degu (Octodon Cummingii, S. 110), ein Bewohner Chiles, haust in Höhlen, vermag zu klettern und sammelt Wintervorräte ein, verfällt jedoch nicht in einen Winterschlaf. Die westafrikanische Rohrratte (Aulacodus swinderianus, S. 109) hat eine borstige Behaarung.

3. Familie: **Ferkelhasen** (Caviidae). Das ist eine, wenigstens in einer Art, dem Meerschweinchen, allgemein bekannte Familie, mit hufartigen, oben gekielten Nägeln an den 4 Zehen jedes Vorder- und an den 3 jedes Hinterfußes. Die 6 Gattungen und 28 Arten bewohnen ganz Südamerika einschließlich der westindischen Inseln. Die Ferkelhasen und die echten Hasen sind die abweichendsten Formen der Nagetiere.

Das gemeine Meerschweinchen (Cavia cobaya, S. 111) fanden die Eroberer Perus schon als Haustier der Eingebornen vor. Über die wilde Stammform desselben herrscht Unsicherheit, nach Ansicht vieler Forscher ist es Cavia aparea, nach der anderer Cutleri, oder ein Kreuzungsprodukt beider. Sie sind meist dreifarbig: gelb, schwarz oder grau und weiß, selten einfarbig: weiß oder gelb, am seltensten zweifarbig. Die Mara (Dolichotis patagonica, S. 112) ist ein eigentümlicher, hochbeiniger, langohriger Bewohner des südlichen Südamerika, der sich

Höhlen gräbt. Das größte und plumpste Nagetier ist das 1 m lange und 1/2 m hohe Wasserschwein (Hydrochoerus capybara, S. 113), das sehr kurze Ohren, keinen äußerlich wahrnehmbaren Schwanz, starke Hufe und als echtes Schwimmtier zwischen den Hinterzehen Schwimmhäute hat. Es findet sich an den Ufern süßer Gewässer im ganzen westlichen Südamerika. Das gewöhnliche Aguti (Dasyprocta aguti, S. 114) ist ein niedliches Tierchen, mit zierlichen, ziemlich hohen Gliedmaßen und einer kurzen, glatt anliegenden Behaarung, die in der Steißgegend sich verlängert. Das Paka (Coelogenys paca, S. 114) ist von Gestalt etwas dem Meerschweinchen ähnlich, aber bedeutend größer und hochbeiniger. Es hat Backentaschen und an allen Füßen 5 Zehen. Sein borstiger Balg ist schmutzig braungelb von Farbe mit jederseits 5 Längsreihen weißgelber runder Flecken. Das Tier lebt in selbstgegrabenen Höhlen von Paraguay bis Nordbrasilien und den nächstgelegenen Antilleninseln.

4. Familie: **Stachelschweine** (Hystricidae). Die Angehörigen dieser Familie sind ansehnliche Nagetiere, mit langen, zwischen steifen Borstenhaaren sich erhebenden Stacheln. Die Schlüsselbeine sind nicht vollständig entwickelt, die Innenzehe der Vorderfüße ist verkümmert, die Hinterfüße sind 5- oder 4zehig. Die Familie zerfällt in 2 Unterfamilien.

a) Unterfamilie: **Grabende Stachelschweine** (Hystricinae) mit langen, runden Stacheln, einfach gefurchten, sonst glatten Sohlen und starken Grabnägeln. Die Hystricinen, zu denen das südeuropäische und nordafrikanische Stachelschwein (Hystrix cristata, S. 115) gehört, bewohnen außer den Mittelmeerländern das ganze kontinentale Afrika und Asien südlich vom Himalaja nebst Ceylon und den Sundainseln. Sie graben sich Höhlen. Ein merkwürdiges Tier ist der Quastenstachler (Atherura africana, S. 116) von Westafrika mit am Ende verbreiterten Stacheln am Schwanze.

b) Unterfamilie: **Kletternde Stachelschweine** (Cercolabinae) oder Baumstachelschweine, bewohnen ganz Amerika mit Ausnahme der Antillen und der südlichsten Teile. Sie haben eine schlankere Gestalt, ihre Fußsohlen sind rauh, warzig und die Stacheln sind kürzer. Ihre Schwänze sind länger und bei diesen echten Klettertieren meist zu teilweise kahlen Greifapparaten umgestaltet, wie beim gemeinen mittel- und südamerikanischen Greifstachler (Cercolabes prehensilis, S. 111).

C. Unterordnung: **Taschennager (Saccomyes).** Die Taschenratten haben im Ober- und Unterkiefer beiderseits 4 Backenzähne, innen behaarte Backentaschen, ungespaltene, behaarte Oberlippe, 5 Zehen und eine straffe Behaarung ohne Unterwolle. Sie finden sich ausschließlich in Nordamerika.

1. Familie: **Taschenmäuse** (Saccomyidae). Die Taschenmäuse sind schlanke Nager mit langem Schwanze und verlängerten Hinterbeinen. Der hierher gehörige Taschenspringer (Dipodomys Philippii, S. 117) bewohnt die ödesten Gegenden Kaliforniens.

2. Familie: **Taschenratten** (Geomyidae). Die Mitglieder dieser Familie sind auffallend plumpe, dicke Tiere mit langen Grabkrallen an den Vorderfüßen und einem kurzen Schwanz. Sie haben sehr große Backentaschen und als unterirdisch lebende Säuger kleine Augen und keine äußeren Ohren. Der Goffer (Geomys bursarius, S. 116) ist so groß wie ein Hamster und findet sich in Kanada und im östlichen Felsengebirge.

D. Unterordnung: **Mäuse (Mures).** Diese Unterordnung ist nicht nur die artenreichste der Nager, sondern die zweitartenreichste der Säugetiere überhaupt, nur die Unterordnung der insektenfressenden Fledermäuse umfaßt mehr Arten. Die hierher gehörigen Formen haben meist in allen Kiefern je 3 Backenzähne, in der Regel einen etwas verlängerten Kopf, gut entwickelte Schlüsselbeine, an den Vorderfüßen einen verkümmerten Daumen, aber an den Hinterfüßen alle 5 Zehen. Die Gestalt ist meist schlank und gestreckt, die Ohren und der Schwanz sind verschieden entwickelt. Sie sind klein und fast kosmopolisch verbreitet.

1. Familie: **Wurfmäuse** (Spalacidae) oder Blindmäuse haben einen kurzen, gedrungenen Körper, einen dicken Kopf, einen ganz kurzen oder überhaupt keinen Schwanz, sehr kleine, von der Haut überdeckte Augen und keine äußeren Ohren. Die Gliedmaßen sind nahezu gleichlang, aber die vorderen haben stärkere Füße. Diese Tiere haben die Lebensweise der Maulwürfe und demzufolge starke Grabkrallen. Sie sind ausschließlich altweltlich und im südöstlichen Europa, im westlichen Mittelasien, im kontinentalen Afrika und in Indien ziemlich zerstreut verbreitet. Die interessanteste Gattung ist die der nur eine Art umfassenden Blindmolle (Spalax typhlus, S. 117), Eingeborne des südwestlichen Sibirien und Südosteuropas bis nach Ungarn und Galizien

2. Familie: **Wühlmäuse** (Arvicolidae). Die Angehörigen dieser Familie sind meist von geringer Größe, und die einzelnen Formen zeigen ein sehr gleichmäßiges Gepräge: einen wenig zierlichen Körper, einen dicken Kopf, kurze Ohren und einen in der Regel kurzen Schwanz. Die Tiere bewohnen, bisweilen in großen Mengen erscheinend und wandernd, den Norden der Alten und der Neuen Welt bis über den Polarkreis hinaus. Eine der gelegentlich in ungeheuern Massen auftretenden Arten ist der skandinavische Lemming (Myodes lemmus, S. 118), ein hübsches Tier. In welchen geradezu fabelhaften Individuenzahlen unsere gemeinen Feldmäuse (Arvicola arvalis, S. 118) zuweilen vorkommen können, ist allbekannt. Ein sehr bekannter und wegen seiner großen Schädlichkeit stark verfolgter Nager ist die in selbstgegrabenen Höhlungen am Wasser hausende, gern und viel schwimmende Wasserratte (Arvicola amphibia, S. 119). Die einzige nützliche Art der zahlreichen Gesellschaft der Wühlmäuse ist die Bisamratte (Fiber zibethicus, S. 119), eine Bewohnerin Nordamerikas, die ein sehr wertvolles Pelzwerk liefert.

3. Familie: **Echte Mäuse** (Muridae). Die Mäuse haben in der Regel eine spitze Schnauze, eine gespaltene Oberlippe, lange Schnurrhaare, meist lange, in der Regel fast ganz haarlose, mit eckigen Hautschuppen bedeckte Schwänze, zierliche Gliedmaßen und 5zehige Füße, jedoch ist die Innenzehe der Vorderfüße verkümmert. Es sind kleine bis sehr kleine, sehr weit, ja zum Teil durch Anschluß an den Menschen kosmopolitisch verbreitete Tiere, die oft schädlich und lästig werden. Die Familie zerfällt in zwei Unterfamilien: Hamstermäuse und Rattenmäuse.

α) Unterfamilie: **Hamstermäuse** (Cricetinae), verhältnismäßig große, plumpe Mäuse mit ansehnlichen Backentaschen. Hierher gehört unser gemeiner Hamster (Cricetus vulgaris, S. 120), ein 25 cm langer, oben gelbbrauner, unten schwarzer Nager mit kurzen Ohren und Schwänzchen. Er gräbt sich kunstreiche Erdbauten und trägt allerlei Vegetabilien für die kalte Jahreszeit ein, die er größtenteils verschläft. Das sehr schädliche Tier verbreitet sich vom Ob quer durch Mitteldeutschland bis zum Rhein.

β) Unterfamilie: **Rattenmäuse** (Murinae). Die Rattenmäuse haben lange, fast haarlose, geringelte oder beschuppte Schwänze und keine Backentasche. Als Schmarotzer des Menschen treten 3 Arten auf: Die Hausmaus (Mus musculus, S. 120), von gelbgrauer Farbe, die Wanderratte (Mus decumanus, S. 121), erst seit 1727 in das Abendland eingedrungen, oben graubraun, unten grauweiß, und die kleinere, dunklere, im Aussterben begriffene Hausratte (Mus rattus, S. 121). Ein hübsches, Nordafrika bewohnendes Tier ist die Streifenmaus (Mus barbarus), die der Länge nach rotbraun und schwärzlich gestreift ist.

E. Unterordnung: **Springmäuse (Dipoda)** oder Dscherboas. Die Angehörigen dieser Unterordnung sind sofort an den unverhältnismäßig langen Hinterbeinen und an den langen, behaarten Schwänzen zu erkennen. Sie haben außerdem einen stark abgerundeten Hirnschädel. Die vorderen Füße haben 5 Zehen, von denen die innerste bisweilen verkümmert, die hinteren deren 5, 4 oder 3. Die Tiere bewohnen ganz Nordamerika, das ganze kontinentale Afrika, das südöstliche Europa, das gemäßigte Nordasien, Indien und Ceylon.

Die Unterordnung umfaßt 3 Familien: Springhasen, Sandspringer und echte Dscherboas.

1. Familie: **Springhasen** (Pedetidae) haben 4zehige Hinterfüße, deren Zehen alle den Boden berühren, und keine verwachsenen Mittelfußknochen. Der Schwanz hat eine buschige Behaarung. Es gibt bloß eine Südafrika bewohnende Art (Pedetes caffer, S. 122) mit einer ähnlichen Färbung wie unser Hase.

2. Familie: **Hüpfmäuse** (Jaculidae). Diese Tiere sind nordamerikanisch. Ihre Hinterfüße verhalten sich wie in der vorigen Familie, aber ihre sehr langen Schwänze sind ganz dünn behaart.

3. Familie: **Echte Dscherboas** (Dipodidae). Die Dscherboas oder Wüstenspringer haben mit Ausnahme Nordamerikas und Südafrikas die Verbreitung der ganzen Familie. An ihren 4zehigen, außerordentlich verlängerten Hinterfüßen verwachsen die Mittelfußknochen der drei mittelsten Zehen, die allein den Boden berühren, während die äußere oder die innere entweder völlig verschwunden, oder eine von beiden in verkümmerter Gestalt vorhanden ist. Die bekannteste der etwa 20 Arten dieser Gattung ist die ägyptische Wüstenspringmaus (Dipus aegyptiacus, S. 122), mit einem langen, am Ende stark quastenartig behaarten Schwanz. Sie hat große, ausdrucksvolle Augen, lange Ohren und eine im allgemeinen sandartige, graugelbe Färbung. Ihre Heimat ist das nordöstliche Afrika und das westliche gemäßigte Asien.

F. Unterordnung: **Eichhornartige Nager (Sciuri).** Die eichhornartigen Nager haben oben und unten 4, oder oben 5, unten 4 Backenzähne und besitzen wohlentwickelte Schlüsselbeine. Vorn und hinten finden sich 5 Zehen, von denen aber vorn die innere verkümmert ist. Im übrigen sind die einzelnen Formen, besonders im Äußeren, recht verschieden.

1. Familie: **Biber** (Castoridae). Die Angehörigen dieser Familie bewohnen in einer Gattung und in je einer Unterart die Alte (Castor fiber europaeus, S. 123) und die Neue Welt (Castor fiber americanus). In Deutschland lebt das Tier nur noch an beiden Ufern der Elbe, etwa zwischen Wartenberg und Magdeburg. Auch sonst ist es in den südlichen und mittleren Ländern Europas ganz oder fast ganz ausgerottet, aber in nördlicheren Gegenden, auch des asiatischen Sibirien, ist er stellenweise eine noch häufige Erscheinung. Der Biber hat in jedem Ober- und Unterkiefer 4 Backenzähne, an allen Füßen 5 Zehen, zwischen denen der größeren hinteren, von denen die zweite eine Doppelkralle hat, Schwimmhäute, kurze Ohren und einen breiten, größtenteils beschuppten Schwanz. Die Färbung des plumpen Tieres ist oben dunkelbraun und wird nach unten heller. Auch die etwas dunklere und etwas schmalschädeligere nordamerikanische Form ist in starker Abnahme begriffen und in Kanada noch am häufigsten.

2. Familie: **Bilchmäuse** (Myoxidae). Die Bilch- oder Schlafmäuse haben dieselbe Zahl von Backenzähnen wie die Biber. An den Vorderfüßen haben sie 4 wohlentwickelte Zehen und eine innere verkümmerte, und an den Hinterfüßen 5. Der meist dicht behaarte Schwanz ist so lang oder etwas kürzer als der Körper, der Kopf schmal, nach vorn etwas zugespitzt, die nackten Ohren sind groß, und der Pelz ist dicht und weich. Die Bilche erinnern in ihrem Habitus an die Eichhörnchen. Ein innerer, negativer Charakter ist für diese Familie sehr bedeutungsvoll: das Fehlen des Blinddarmes. Die Bilchmäuse finden sich in den nicht zu kalten Gegenden Europas und Nordasiens sowie im kontinentalen Afrika. Die kleine Haselmaus (Muscardinus avellanarius, S. 124) hat einen etwa 6 cm langen Schwanz. Sie ist ein allerliebstes, Mitteleuropa bis Oberitalien im Süden, England und Südschweden im Norden und Galizien im Osten bewohnendes Tierchen, das die Gesellschaft ihresgleichen liebt und sich sehr kunstreiche Nestchen baut, die es nur während seiner nächtlichen Streifzüge verläßt. Die große Haselmaus (Eliomys vitella, S. 124) findet sich in den mittleren Gegenden der westlichen Hälfte Europas und wird in ihrer östlichen durch den auch in ganz Südeuropa vorhandenen Siebenschläfer (Myoxus glis, S. 124) ersetzt.

3. Familie: **Hörnchen** (Sciuridae). Die Hörnchen haben jederseits oben 4 oder 5, unten 4 Backenzähne, einen dichtbehaarten Schwanz und einen großen Blinddarm. Die Familie zerfällt in 2 Unterfamilien, in die der Murmeltiere und die der echten Hörnchen.

a) Unterfamilie: **Murmeltiere** (Arctomyinae). Die Murmeltiere haben kurze Schwänze, rudimentäre Backentaschen. An ihren Vorderfüßen ist die dritte Zehe länger als die übrigen. Sie haben ziemlich plumpe Leiber und hausen in selbstgegrabenen Erdhöhlen. Die Angehörigen dieser Familie finden sich in nördlichen Gegenden der Alten und der Neuen Welt, lieben die Geselligkeit, und die meisten verfallen in einen besonders tiefen Winterschlaf. Die Ostgrenze der Verbreitung des Ziesels (Spermophilus citillus, S. 125) liegt in Süd- und Mittelrußland, und von hier ist er, westwärts langsam vordringend, schon bis in das östliche Thüringen gelangt. Der etwas größere Präriehund (Cynomys ludovicianus, S. 125) hat eine eigentümlich kläffende Stimme und bewohnt in teilweise ungemein individuenreichen Gesellschaften („Dörfern") gewisse Stellen der nordamerikanischen Prärien. Die Steppen Zentralasiens und Süd- und Mittelrußlands von den Gestaden des Stillen Ozeans bis nach Galizien und dem südlichen Polen belebt in ähnlicher Weise der Bobak (Arctomys bobac, S. 126). Die hohen Lagen der Karpathen, Alpen und Pyrenäen beherbergen einen Vetter des Bobak, das Alpenmurmeltier (Arctomys marmota, S. 126).

b) Unterfamilie: **Echte Hörnchen** (Sciurinae). Die Mitglieder dieser Unterfamilie haben oben 5, unten 4 Backenzähne in jeder Kieferhälfte und einen langen, namentlich an den Seiten lang behaarten Schwanz. Sie fehlen bloß auf den Papuainseln, in Australien und Neuseeland, auf den Inseln des Stillen Ozeans und Westindiens und im südlichen Südamerika. Auf den Molukken haben sie wenigstens in Celebes einen Vertreter. Es sind echte, mehr einsam lebende Baum- und Klettertiere mit weichem, bisweilen sehr hübsch streifig gezeichnetem Pelze. Die Gattung Tamias, die mit ansehnlichen Backentaschen versehenen Backenhörnchen, stellen einen Übergang zu den Murmeltieren dar, indem sie bei dem Habitus der Eichhörnchen ein unterirdisches Leben führen. Sie finden sich in Osteuropa, Sibirien und Nordamerika. Letzteres ist die Heimat des Hacker (Tamias Lysteri), eines sehr niedlichen Tierchens. Bei einer Anzahl zu dieser Unterfamilie gehörigen Formen, den Flughörnchen, entwickelt sich zwischen den Gliedmaßen ein schmälerer oder breiterer Hautsaum, der zugleich mit der seitlich verlängerten Schwanzbehaarung eine Art Fallschirm darstellt, der diese Nager bei ihren Sprüngen von Baum zu Baum schwebend erhält. Zu dieser Gruppe gehört der niedliche Assapan (Pteromys volucella, S. 127), ein Bewohner des gemäßigten und subtropischen Nordamerika. Das gemeine Eichhörnchen (Sciurus vulgaris, S. 127) kommt in einer roten und grauschwarzen Abart vor. Es findet sich in ganz Europa von den Gestaden des Mittelmeers bis nach Lappland und im größten Teil des waldigen Sibirien.

9. Ordnung: **Raubtiere (Carnivora).**

Die Raubtiere oder Fleischfresser leben ausschließlich oder hauptsächlich von tierischer Kost, und zwar meist von solcher, die von Wirbeltieren herrührt. Sie haben fast ausnahmslos oben und unten in beiden Kieferhälften 3 meist kleine, meißelförmige, dicht beisammenstehende Schneidezähne. Die Eckzähne sind besonders groß, kegelförmig, spitzig und nach hinten gebogen. Die Backenzähne schwanken in Zahl, und ihre Kronen haben um so schärfere Spitzen, je mehr der betreffende Inhaber ein Fleischfresser ist. Der erste echte, den nach dem Eckzahn folgenden Lückenzähnen (oben 3, unten 4) sich anschließende Backenzahn ist größer als die beiden hinteren und mit schneidender Kante (Reißzahn). Die Gelenkverbindung des Unterkiefers mit dem Hirnschädel läßt eine Verschiebung des ersteren von vorn nach hinten gar nicht und von rechts nach links kaum zu, er kann wesentlich nur in der Richtung von unten nach oben bewegt werden. Die Kau- oder besser Beißmuskulatur ist sehr kräftig, und am knöchernen Schädel finden sich zu deren Ursprung entsprechende Leisten. Die Schlüsselbeine fehlen gänzlich oder sind höchstens unvollkommen entwickelt. Speiche und Elle sind wenig beweglich, und die Vorderpfoten befinden sich immer in einem Zustande der Beugung nach vorn. Die Zahl der Vorder- und Hinterzehen ist 5, oft auch bloß 4. Alle haben Krallen, die bei den Katzenformen teilweise oder ganz zurückgezogen werden können. Die Raubtiere können entweder mit der ganzen Sohle auftreten (Plantigrade) oder nur mit den Zehen (Digitigrade). Die Unterordnung der Flossenfüßer hat flossenartig entwickelte Gliedmaßen. Der Magen ist einfach rundlich, das Verdauungsrohr dem der echten Pflanzenfresser gegenüber kurz.

Man teilt die Ordnung der Raubtiere in 2 Unterordnungen, in die der Land- und in die der Wasserraubtiere, die aber durch Übergänge verbunden sind. In Westindien, auf den Molukken und Papuainseln, in Australien und auf Neuseeland haben die Landraubtiere keine Vertreter, abgesehen von einem (verwilderten) Hund in Australien und einer (eingeführten) Viverre auf den Molukken. Sie leben selten (Seehunde) und dann oft nur vorübergehend (Wölfe) gesellig, meist nur familienweise.

A. Unterordnung: **Landraubtiere (Ferae).** Die Landraubtiere haben oben und unten 6 Schneidezähne, und ihre Gliedmaßen sind zum Laufen geeignet. Sie verteilen sich auf folgende 6 Familien: bären-, marder-, viverren-, hunde-, hyänen- und katzenartige Raubtiere.

1. Familie: **Bärenartige Raubtiere** (Ursidae) mit vier Unterfamilien.

a) Unterfamilie: **Echte Bären** (Ursinae). Diese Unterfamilie ist am wenigsten von allen Raubtierfamilien auf tierische Nahrung angewiesen, daher ist der Reißzahn nur wenig von den ansehnlichen, breiten, echten Backenzähnen (oben 2, unten 3 jederseits) verschieden, und die Schneidezähne sind breit und groß. Die Bären sind vollständige Sohlengänger, haben sehr kurze, äußerlich wenig bemerkbare Schwänze und große, feststehende Krallen. Ihre Bewegungen sind gemessen, höchstens fallen sie in einen plumpen, aber rasch fördernden Trott. Sie vermögen sich auf den Hinterfüßen stehend zu erhalten. Manche sind ausgezeichnete Kletterer und andere vorzügliche Schwimmer.

Die Bären finden sich hauptsächlich in den gemäßigten Gegenden der Alten und der Neuen Welt, wo sie weit über den Polarkreis hinausgehen, auch werden sie in ganz Indien mit den dazu gehörigen Inseln angetroffen. In den Gebieten östlich von Java sind sie gar nicht, in Afrika bloß im Norden und in Südamerika nur in den nördlichen Anden vertreten. Der Eisbär (Thalassarctos maritimus, S. 128) ist ein gewaltiges, mehr an das Wasser- als an das Landleben angepaßtes Tier mit gelblichweißem, langhaarigem Balg und mit schwarzer Nase und schwarzen Krallen. Er bewohnt die Nordpolarländer. Der bis 2,2 m lang werdende, sehr kurzschwänzige braune Bär (Ursus arctos) findet sich in Nordasien, dem nördlichen Hinterindien, im Atlasgebirge und war einst in fast ganz Europa keine Seltenheit. Jetzt findet er sich in diesem Erdteil nur noch in den Pyrenäen, Alpen, Karpathen und im Balkan sowie in Skandinavien und in ganz Rußland. Er ist den dritten Teil kleiner als der Eisbär und von hellerer oder dunklerer brauner Farbe, bildet aber viele Lokalrassen und Varietäten. In Nordamerika wird der braune Bär durch den ebenso großen Baribal (Ursus americanus) und durch den furchtbaren Grislibär (Ursus ferox, S. 129) vertreten.

b) Unterfamilie: **Katzenbären** (Ailurinae). Die Katzenbären haben kürzere Füße mit behaarten Sohlen und etwas zurückziehbaren Krallen. Die Familie hat 2 Gattungen mit je einer Art. Die bekanntere ist der Panda (Ailurus fulgens, S. 130), ein schönes Tier mit buschigem Schwanze. Die Hauptfarbe seines dichten Pelzes ist ein glänzendes Gelbrot, die Ohren sind innen weiß, und der Schwanz zeigt eine undeutliche hellere und dunklere Ringelung. Die Heimat des Panda sind die hohen Berge im südöstlichen Himalaja.

c) Unterfamilie: **Waschbären** (Procyoninae). Die Waschbären haben im Ober- und Unterkiefer 2 echte Backenzähne, einen ziemlich kurzen Rumpf, kurze Beine mit geraden Zehen, deren Krallen stumpf und nicht einziehbar sind. Der Schwanz ist lang. Der typische Vertreter dieser nur in dem kontinentalen Amerika vorkommenden Familie ist der gemeine Waschbär (Procyon lotor, S. 131) oder Schupp, der einen hinten sehr breiten, gewölbten Schädel, große, abgerundete Ohren und eine spitz zulaufende Schnauze hat. Sein ein wertvolles Pelzwerk liefernder Balg ist dicht, von gelblichgrauer Farbe mit dunkleren Grannhaaren; rechts und links unter den Augen steht, mit der Basis dem Nasenrücken zugewendet, ein schwarzer Fleck auf hellem Grunde. Der Schwanz hat 6 Ringel und eine Spitze von schwarzbrauner Farbe. Der Waschbär bewohnt ganz Nordamerika. Die Nasenbären (Nasua) sind schlanker, kurzbeiniger und breitsohliger als die Waschbären. Sie haben einen schmäleren, sich an der Schnauze in einen Rüssel verlängernden Kopf. Die der Zahl nach unsicheren Arten (3—5?) finden sich auf dem Festland Südamerikas von Südmexiko bis Paraguay. Die bekannteste Art (Nasua narica) hat einen langen, buschigen, sich nach der Spitze elegant verjüngenden Schwanz. Diese Art hat das nördlichste Vorkommen.

d) Unterfamilie: **Wickelbären** (Cercoleptidae). Die Wickelbären haben an jeder Seite oben und unten 2 echte Backenzähne, gerade Zehen mit krummen, in verschiedenem Umfange zurückziehbaren Krallen. Es sind echte Baum- und Klettertiere und haben demzufolge einen Wickelschwanz erworben. Die eine Gattung ist südamerikanisch, die andere indisch. Der Kinkaju (Cercoleptes caudivolvulus, S. 131) oder der gemeine Wickelbär erreicht eine Länge von 90 cm, wovon die Hälfte auf den Schwanz entfällt. Sein schöner, dichter Pelz ist rötlichgrau, und entlang des Rückens verläuft ein dunkler Längsstreifen. Das Tier ist auf dem Kontinent von Amerika heimisch, etwa vom 25. Grad nördlicher bis zum 10. Grad südlicher Breite. Der Binturong (Arctitis binturong, S. 130) ist schlanker und länger behaart, auch ist er bedeutend größer. Sein rauher Pelz ist glanzlos, oben schwarz, nach unten zu bräunlich. Die Augenbrauen und Ohrenränder sind weißlich. Er bewohnt Hinterindien, Malakka und die großen Sundainseln.

2. Familie: **Marderartige Raubtiere** (Mustelidae). Auch diese Familie zerfällt in 4 Unterfamilien.

a) Unterfamilie: **Dachse** (Melinae). Bei den Dachsen ist der letzte echte Backenzahn des Oberkiefers groß, die Vorderkrallen sind lang und zum Graben geschickt. Die Tiere sind Sohlengänger und haben vorn und hinten 5 Zehen. Der gemeine Dachs (Meles taxus, S. 132) ist kurzbeinig, sehr plump und besonders breit gebaut und hat einen kurzen Schwanz. Sein Haarkleid ist lang und einigermaßen borstig, auf dem Rücken grau, nach den Seiten zu heller, die Unterseite, die Gliedmaßen und ein breiter, durch das Auge gehender Streifen an jeder Seite der Schnauze sind schwarz. Er findet sich in ganz Europa (mit Ausnahme der Insel Sardinien und des höheren Nordens) und dem gemäßigten Asien bis Japan. Der Stinkdachs (Mydaus meliceps, S. 133) hat eine spitze, fast rüsselartige Schnauze und kurze Ohren. Die Farbe seines dichten, langen Pelzes ist bis auf einen weißen, auf der Stirn beginnenden und an der Schwanzspitze endigenden Rückenstreifen schön dunkelbraun. Er hat jederseits neben dem Mastdarm eine große, ein entsetzlich stinkendes Sekret absondernde Drüse. Das Tier bewohnt die großen Sundainseln, vielleicht auch Malakka. In Afrika wird die Gattung durch die Bandiltisse, zu der die schöne Zorilla (Rhabdogale mustelina, S. 134) gehört, und im ganzen kontinentalen Amerika durch die Stinktiere, deren bekannteste südamerikanische Art der Surilho (Mephitis suffocans, S. 133) ist, vertreten.

2) Unterfamilie: **Honigdachse** (Mellivorinae). Die Honigdachse sind Sohlengänger, haben gleichfalls am After Stinkdrüsen und im Oberkiefer nur einen, im Unterkiefer aber 2 Backenzähne. Die Tiere sind von sehr dachsartigem Habitus und haben Vertreter in Ostindien und Südafrika. Der afrikanische Ratel (Mellivora capensis, S. 132) ist oben hell-, unten schwarzgrau, und beide Farben sind an den Seiten scharf getrennt.

c) Unterfamilie: **Ottern** (Lutrinae). Die Mitglieder dieser Unterfamilie sind einigermaßen an ein Leben im Wasser angepaßt. Sie haben breit am Körper entspringende, nach hinten spitz zulaufende Schwänze, die abgeplattet, bei manchen Formen sogar mit seitlichen Hautsäumen versehen sind, und an allen Beinen 5, an den Enden nach oben gebogene und durch Schwimmhäute untereinander verbundene Zehen. Ihre Köpfe sind ziemlich flach, und die Stirnlinie setzt sich in die Schnauzenlinie direkt fort. Die Schnauze selbst ist abgerundet. Sie fressen Fische, Krebse und andere Wassertiere und hausen mehr an den Ufern süßer Binnengewässer als an den Meeresküsten. Die Ottern haben die Verbreitung der ganzen Familie. Unser gewöhnlicher Fischotter (Lutra vulgaris) bewohnt ganz Europa und das gemäßigte und nördliche Asien bis zum Amur, ja es ist sogar wahrscheinlich, daß die japanische und eine indische Art nur Lokalrassen sind. Der Fischotter ist ein allerliebstes geschmeidiges, elegantes und auch geistig sehr hochstehendes Tier. Sein wundervolles, glänzendes Fell ist fast ganz gleichmäßig dunkelbraun. Eine amerikanische Art lebt von der Insel Chiloë bis Kalifornien an den Gestaden des Stillen Ozeans. Auch der Seeotter (Enhydris marina, S. 134) ist wesentlich ein Meerestier, das sich an den Küsten des Stillen Ozeans, an der Westseite von den nördlichen Inseln des japanischen Archipels und an der Ostseite von Südkalifornien bis zu den Aleuten findet. Er ist größer, plumper und namentlich bedeutend kurzschwänziger als der Fischotter.

d) Unterfamilie: **Echte Marder** (Mustelinae). Die echten Marder haben einen vollrunden Schwanz und keine Schwimmhäute. Sie sind von geringer Größe, niedrig auf den Beinen, gestreckten Leibes und gewandte Kletterer und fehlen nur in Westindien, auf Madagaskar, den ozeanischen, papuanischen und molukkischen Inseln, in Neuseeland und Australien. Es sind ganze oder halbe Sohlen- oder Zehengänger mit meist nicht zurückziehbaren Krallen, und haben am After in der Regel Stinkdrüsen. Ihre feinen Bälge liefern geschätzte Pelzwaren. Die Hyrare (Galictis barbara, S. 135) hat jederseits oben 4, unten 5 Backenzähne, sie tritt mit ganzer Sohle auf, hat Afterdrüsen, einen asch- oder bräunlichgrauen, dichten Pelz. Die Hyrare bewohnt fast das ganze kontinentale Südamerika. Der Vielfraß (Gulo borealis, S. 135) hat oben 5, unten 6 Backenzähne jederseits, einen stark abgerundeten Schädel, keine Afterdrüsen und tritt nur mit halber Sohle auf. Er ist hochbeiniger als die Marder, und sein langhaariger Balg ist oben dunkelbraun, unten schwarz. Der Norden der Alten und der Neuen Welt ist seine Heimat. Die Stinkmarder (Putorius) haben oben 4, unten 5 Backenzähne jederseits, laufen auf den Zehen und besitzen Afterdrüsen. Zu ihnen gehören von europäischen Arten der Nerz (Putorius lutreola, S. 136), der sich in Deutschland nur noch an wenigen Stellen im Norden findet, das viel verbreitetere große (Hermelin, S. 136) und kleine Wiesel (Putorius erminea und vulgaris, S. 157), die in nördlichen Ländern weiß oder weiß gefleckt werden, und der Iltis (Putorius foetidus, S. 137), von dem das Frett nur ein domestizierter Albino ist. Die Marder (Mustela) haben an jeder Seite im Oberkiefer 5 und im Unterkiefer 6 Zähne, sie sind Zehengänger, haben behaarte Sohlen der Hinterfüße und Afterdrüsen. Zu dieser Gattung zählt das wertvollste Pelztier, der nord- und ostsibirische Zobel (Mustela zibellina, S. 138) mit spitzerer Schnauze, längeren Ohren und höheren und kräftigeren Beinen als die anderen Arten der Marder. Deutsche Arten sind der gemeine Hausmarder (Mustela foina) und der Edelmarder (Mustella martes, S. 138).

3. Familie: **Schleichkatzen** (Viverridae). Die echten Schleichkatzen haben oben und

unten 2, oder oben 2 echte Backenzähne und unten nur einen. Von Gestalt sind sie sehr gestreckt, schmächtig und geschmeidig und haben kurze Beine mit 5- oder 4zehigen Füßen, zurückziehbaren oder feststehenden Krallen und nackten oder behaarten Sohlen. Afterdrüsen sind meist stark entwickelt. Die Schleichkatzen bewohnen die warmen und heißen Länder der Alten Welt. Man kann diese Familie in zwei Unterfamilien, in die der Mangusten und die der echten Schleichkatzen, zerlegen.

a) Unterfamilie: **Mangusten** (Herpestinae). Die Mangusten können ihre stumpfen Krallen nicht zurückziehen, sie haben etwas verlängerte Zehen und nackte oder nur sehr wenig behaarte Sohlen. Statt eigentlicher Afterdrüsen finden sich meist Taschen, deren Innenseite mit kleinen Drüsen besetzt ist. Von den zahlreichen, meist afrikanischen Arten (gegen 70) können wir nur einige hervorheben. Die Krabbenmanguste (Herpestes urva, S. 139) nähert sich in manchen Punkten dem Vielfraßmarder. Die vorderen und hinteren Innenzehen des graufarbigen, am Schwanz mit undeutlichen Querbinden versehenen Tieres erreichen den Boden nicht. Die Krabbenmanguste findet sich an den südöstlichen Abhängen des Himalaja. Vorderindien ist die Heimat des Mungo (Herpestes mungo, S. 141). Das bekannte Ichneumon (Herpestes ichneumon, S. 140) findet sich in verschiedenen Lokalrassen in ganz Afrika, auf Madagaskar, im westlichen Mittelasien und selbst in Spanien. Die Zebramanguste (Herpestes fasciatus, S. 141) ist ein hübsches, ostafrikanisches Tier mit dunkel- und hellgrauen Querbinden am Rumpf und Schwanz. Auch die Kusimanse (Crossarchus obscurus, S. 139) bewohnt Afrika, aber den Westen. Die Fuchsmanguste (Cynictis penicillata, S. 142) ist ähnlich wie ein gemeiner Fuchs gefärbt und hat bei einem rötlichen Körper eine weiße Schwanzspitze; sie findet sich in Südafrika. Die Surikate (Rhyzaena tetradactyla, S. 142) hat eine verlängerte, sehr bewegliche Nase mit nackter Spitze, vorn und hinten 4 Zehen und tritt mit ganzer Sohle auf. Die Heimat der Surikate ist Süd- und Mittelafrika.

b) Unterfamilie: **Viverren** (Viverrinae). Die eigentlichen Viverren haben zurückziehbare Krallen und völlig behaarte Sohlen. Die Mitglieder der Gattung Viverra sind elegante, meist hübsch gezeichnete Tiere mit spitzer Schnauze, langen, nicht rollbaren Schwänzen und treten auf den Zehen auf. Die Ginsterkatze (Viverra genetta, S. 143) bewohnt das nordwestliche Afrika, die Iberische Halbinsel und die Provence. Die Zibetha (Viverra zibetha, S. 143) findet sich in Vorder- und Hinterindien, Ceylon, Südchina und auf den Sundainseln. Berühmt ist die Zibetkatze (Viverra civetta, S. 145) durch den Stoff, den sie in ihren Afterdrüsen absondert, und der zu Wohlgerüchen verarbeitet wird, weshalb sie nicht bloß im tropischen Afrika, ihrem eigentlichen Vaterlande, sondern auch sonst häufig in Gefangenschaft gehalten wird. Die Palmroller (Paradoxurus) treten mit halber Sohle auf, haben unten nackte Zehen und in der Regel einen Rollschwanz. Sie bewohnen Südasien, der indische (Paradoxurus niger, S. 144) Vorderindien und Ceylon, der Larvenroller (Paradoxurus larvatus, S. 144) Südchina und die Insel Formosa.

4. Familie: **Katzen** (Felidae). In der Familie der Katzen kommt der Raubtiertypus zum höchsten Ausdruck. Sie haben kleine Schneidezähne, große, hinten und vorn kantige Eckzähne und besonders in den Oberkiefern starke Reißzähne, echte oder hintere Backenzähne sind jederseits oben und unten je einer, oder oben einer, unten keiner vorhanden. Beide Gliedmaßenpaare sind 5zehig, die Innenzehen des vorderen berühren den Boden nicht. Die Tiere treten auf den Zehen auf und haben in der Regel zurückziehbare Krallen.

Die Katzen fehlen in den Gebieten östlich von der Straße von Makassar, auf Madagaskar und den westindischen Inseln und in den Polargegenden, sonst sind sie allenthalben vertreten, am besten aber unter den Tropen der Alten und der Neuen Welt.

Die Familie zerfällt in 4 Unterfamilien, in die der Fossas, der echten Katzen, der Luchse und der Geparden.

a) Unterfamilie: **Fossas** (Cryptoproctinae). Diese Unterfamilie besteht aus einer Gattung und einer auf Madagaskar beschränkten Art, die Fossa (Cryptoprocta ferox, S. 145), die man früher den Mangusten zuzählte, mit denen sie allerdings in den kurzen Beinen, der gestreckten Rumpfform und durch den Besitz von Afterdrüsen Ähnlichkeit hat, ihrem ganzen übrigen Bau nach ist sie aber eine echte Katze, auch hat sie zurückziehbare Krallen. Ihr Pelz ist dicht, kurz, nicht besonders weich und von oben etwas dunklerer gelblichroter Farbe.

b) Unterfamilie: **Echte Katzen** (Felinae). Die Krallen sind völlig zurückziehbar, Rumpf und Schwanz sind meist gleich oder fast gleich lang, die Ohren sind ohne Pinsel an der Spitze. Diese Unterfamilie geht nicht so hoch nach Norden hinauf wie die nächste. Die zahlreichen (56) Arten stimmen, wenn man von der Größe und Färbung absieht, in allen wesentlichen Charakteren so genau überein, daß es eine müßige Spielerei ist, für sie mehrere Gattungen als die eine, Felis, aufstellen zu wollen. Allenfalls kann man sie der Übersichtlichkeit halber einteilen nach ihrem Vorkommen in alt- und neuweltliche, oder nach ihrer Färbung in einfarbige, gefleckte und gestreifte.

Die Falbkatze (Felis maniculata, S. 146), eine Eingeborne Zentral- und Ostafrikas, auch Palästinas, ist von gräulichgelber Farbe, auf dem Rücken etwas dunkler, an den Seiten fahler, am Rumpf undeutlich, an den Beinen und am Schwanz deutlicher mit dunkleren Querbinden gezeichnet. Die Pupille ist vollkommen elliptisch. Sie soll die Stammart der Hauskatze (S. 147) und von den alten Ägyptern domestiziert worden sein, was indessen noch lange nicht bewiesen ist; wahrscheinlich stammt unsere Hauskatze, wie so viele Haustiere, von mehreren wilden Arten ab, unter anderen auch von der Falbkatze, aber nicht von der europäischen Wildkatze. Unsere Katze hat sich bei der Domestikation ziemlich unabhängig von dem bestimmenden Einfluß des Menschen gehalten, alles, was er erreicht hat, sind Abänderungen in der Größe, der Färbung und dem Bau der Haare. Man unterscheidet nach der Färbung: Cyperkatzen, spanische oder dreifarbige Katzen, Maskenkatzen und andere mehr. Langhaarige Katzen sind die Angorakatze (S. 147), die persische und chinesische Katze. Die Katze von der zwischen England und Irland gelegenen Insel Man hat verlängerte Hinterbeine und einen Stummelschwanz, als Rasse kann man sie nicht gut bezeichnen.

Die Wildkatze (Felis catus) kann ein sehr stattliches Tier werden, aber bei uns, wo sie zu sehr verfolgt wird und kaum alt genug werden dürfte, sind ganz große Exemplare nur sehr selten. Auch sie hat eine elliptische Pupille. Die Pampaskatze (Felis pajeros, S. 148) hat der Länge nach unregelmäßig gelbliche und braune Streifen, bewohnt Patagonien; der Ozelot (Felis pardalis, S. 149) ist ein schöner Bewohner Mittelamerikas von Texas und Louisiana bis an die Südgrenze der brasilischen Wälder. Der Nebelparder (Felis nebulosa, S. 146) hat eine hellgraue, ins Rotgelbe spielende Grundfarbe und an der Seite eigentümliche, verschoben-viereckige, dunkle Flecke; er wird, aber selten, auf Borneo und Sumatra angetroffen. Eine zentralasiatische, vom Altai bis Tibet und Persien vorkommende Steppenart ist der Irbis oder die Unze (Felis uncia, S. 150), ein seltenes und stattliches Tier von 1,15 m Körper- und 90 cm Schwanzlänge. Der Panther oder Leopard (Felis pardus, S. 151) ist wohl die am weitesten verbreitete wilde Katzenart, die das ganze kontinentale Afrika, Kleinasien, den Kaukasus, Persien, Nordchina, Sibirien bis zum Aralsee, die Gegenden am Amur, Japan, dann den größten Teil von Vorder- und Hinterindien, Ceylon und die Sundainseln bewohnt. Es ist natürlich, daß ein Tier, das über ein so ungeheures, an den verschiedensten Lebensbedingungen überreiches Gebiet verbreitet ist, eine große Anzahl von Varietäten und Lokalrassen bilden muß, die sich in der Größe, in der Länge, Dichtigkeit und Zeichnung des Pelzes beträchtlich unterscheiden, und die zu besonderen Arten zu machen man nicht unterlassen hat. Außer diesen Lokalrassen tritt unter den gewöhnlichen, gelben Jungen eines Wurfes gelegentlich eine schwarze Spielart (S. 151) auf. Der Tiger (Felis tigris, S. 153) ist sehr weit verbreitet, von Java bis an den Kaukasus und in das Stanowoigebirge. Auch der Löwe (Felis leo, S. 152) tritt in mehreren Lokalformen, als Senegal-, Berber-, Kap-, Perser- und Gudscharatlöwe, auf, die sich namentlich durch Färbung, Umfang und Dichtigkeitsgrad der Mähne voneinander unterscheiden. In Amerika, einst von Kanada, jetzt von Mexiko an südwärts bis Patagonien vertritt der stattliche, in der Jugend gestreifte Puma (Felis concolor, S. 149) den Löwen. Eine kleine südamerikanische Katzenform ist die Tigerkatze (Felis tigrina, S. 148). Der Serval (Felis serval, S. 150) ist wesentlich hochbeiniger als die übrigen echten Katzen, hat auch einen verhältnismäßig kürzeren Schwanz und größere Ohren. Er bewohnt das ganze kontinentale Afrika mit Ausnahme der Urwaldgebiete.

c) Unterfamilie: **Luchse** (Lyncinae). Die Luchse sind wesentlich Bewohner der gemäßigten und hochnördlichen Gegenden (bis zur Baumgrenze) der Alten und der Neuen Welt. Sie haben höhere Beine und kürzere Schwänze als die echten Katzen und an den Ohrenspitzen pinselartige Haarbüschel. Der Karakal (Lynx caracal, S. 154) ist eine tropische Gegenden bewohnende

Luchsart. Er haust auf dem ganzen afrikanischen Festland und in Indien, soweit die großen Wälder fehlen. Seine Behaarung ist seinem Aufenthaltsorte entsprechend kurz und einfarbig lehmgelb, oben etwas dunkler als unten. Der europäische Luchs (Lynx vulgaris, S. 155) findet sich in den Pyrenäen, Karpathen und in Osteuropa von den Donauländern bis nach Lappland hinauf, ferner in Westasien südwärts bis in das Himalajagebirge hinein. Man hat die östlichen europäischen Luchse als eigene Art, Hirschluchs (Lynx cervaria), abtrennen wollen. Nordamerika hat zwei unter sich und mit unserer nahe verwandte Luchsarten.

d) Unterfamilie: **Geparde** (Cynaelurinae). Diese Unterfamilie umfaßt nur eine Gattung mit einer Art, dem Gepard (Cynaelurus jubatus, S. 155), die sich in zwei Rassen, eine asiatische und eine afrikanische (guttata), spaltet. Die Geparde sind die hochbeinigsten Katzen, haben nicht zurückziehbare Krallen, lange Schwänze und ein lehmfarbiges Fell mit dunkeln, in Zahl und Anordnung großen individuellen Schwankungen unterworfenen Tupfen. Die asiatische Form hat entlang des Nackens und des Vorderrückens einen aus längeren Haaren bestehenden Kamm, der bei der afrikanischen fast völlig verschwindet. Die Geparde bewohnen offene Landstriche des kontinentalen Südasien von Hinterindien durch Persien bis Syrien und das ganze, nicht zu stark bewaldete Festland von Afrika.

5. Familie: **Hyänen** (Hyaenidae). Die Hyänen haben in ihrer Gesamtgestalt viel von Hunden, doch sind ihre beiden Gliedmaßenpaare weit ungleichartiger entwickelt, das hintere ist nicht bloß kürzer, sondern in allen seinen Teilen bedeutend schwächer. Der Rücken fällt daher nach dem Kreuz zu sehr stark ab. Meist sind alle Füße 4zehig. Die Hyänen sind Zehengänger und haben zum Graben eingerichtete, nicht zurückziehbare Krallen. Der Hals zeigt eine ganz ungewöhnliche Entwickelung, die oft teilweise verschmelzenden Halswirbel haben beträchtlich lange Querfortsätze, die einer kolossalen Nackenmuskulatur zum Ursprung dienen. Kolossal sind auch die Kaumuskeln, und das macht es begreiflich, daß die Hyäne schwere Kadaver schleppen und die stärksten Knochen mit Leichtigkeit zerbeißen kann. Dazu kommt noch die Kürze der Schnauze, der zufolge die Kiefer wie eine sehr starke Zange wirken. Die Behaarung bildet am Hals und auf dem Vorderrücken eine Art oben sträubbarer Mähne. Die Angehörigen dieser Familie sind gesellig lebende, nächtlich ihrer wesentlich aus Säugetieräsern bestehenden Nahrung nachgehende Bewohner des ganzen kontinentalen Afrika und des mittleren Westasien bis in das westliche Vorderindien hinein, soweit das Gebiet nicht mit zusammenhängenden Waldungen bestanden ist. Die Familie zerfällt in 2 Unterfamilien.

a) Unterfamilie: **Erdwölfe** (Protelinae). Die Erdwölfe haben in jeder Kieferhälfte oben und unten 5 Backenzähne, keine Reißzähne, vorn 5, hinten 4 Zehen und eine spitze Schnauze. Diese Unterfamilie umfaßt eine Gattung mit einer südafrikanischen Art (Proteles lalandii, S. 156), die sich über Tag in selbstgegrabenen Höhlen verborgen hält, nachts aber nach Aas und Termiten umherstreift. Die Färbung ihres Pelzes ist gelbgrau mit schwarzen Querstreifen.

b) Unterfamilie: **Echte Hyänen** (Hyaeninae). Die echten Hyänen haben oben 5, unten 4 Backenzähne in jeder Kieferhälfte, oben und unten wohlentwickelte Reißzähne, vorn und hinten 4 Zehen und eine kurze, abgerundete Schnauze. Sie haben sehr ansehnliche Afterdrüsen. Die Streifenhyäne (Hyaena striata, S. 157) ist von gelbgrauer Farbe mit schwarzen Querstreifen. Sie bewohnt Afrika, Westasien und ganz Hinterindien, wo nur immer offenes Land ist. Die gefleckte Hyäne (Hyaena crocuta) ist größer und kräftiger und hat ein hell gelblichgraues Fell mit schwarzen Tupfflecken. Sie ist ein ausschließlich afrikanisches Tier und bewohnt namentlich den Süden und Osten.

6. Familie: **Hunde** (Canidae). Die Hunde bilden 4 Gattungen mit 54 Arten und haben überall da, wo überhaupt Raubtiere vorkommen, ihre Vertreter. In der Regel haben sie oben 6 und unten 7 Backenzähne an beiden Seiten. Ihr Kopf ist gestreckt, die Füße haben vorn meist 5, hinten 4 Zehen mit stumpfen, nicht zurückziehbaren Krallen. Die Hunde sind Zehengänger, haben meist Afterdrüsen, aber oft auch eine Drüse an der Schwanzwurzel. Der Hyänenhund (Lycaon pictus, S. 156) hat in seiner äußeren Erscheinung viel Hyänenhaftes, vorn und hinten 4 Zehen und Afterdrüsen. Sein Fell ist äußerst bunt, wie aus schwarzen, weißen und lehmgelben Stücken zusammengeflickt, aber bei jedem Individuum anders. Das das freie Land Ost- und Südafrikas bewohnende Tier hat einen dünnen Schwanz. Der Waldhund (Ictycyon venaticus) hat in jeder Hälfte des Oberkiefers bloß 5 und in jeder des Unter-

kiefers 6 Backenzähne. An den kräftigen, starkkralligen Beinen finden sich vorn 5, hinten 4 durch Schwimmhäute verbundene Zehen. Er ist ein seltener Bewohner des tropischen Brasilien. Der Waldhund hat wenig Hundeartiges an sich, aber ein echter Hund ist auch äußerlich der Löffelhund (Otocyon caffer, S. 159) vom Kap. Er hat in jeder Kieferhälfte oben und unten 8 Backenzähne, indem er nämlich als einzige Ausnahme unter den Placentalsäugetieren 4 echte Backenzähne hat. Seine Füße sind vorn 5-, hinten 4zehig und seine Ohren sehr groß. Er ist von schmutzig gelbgrauer Farbe mit einem grünlichen Anflug. Bei der Gattung der eigentlichen Hunde (Canis) finden sich im Ober- und Unterkiefer jederseits 6, oder häufiger unten 7 Backenzähne. Der Polarfuchs (Canis lagopus, S. 159) hat einen buschigen Schwanz und einen rußbraunen oder blaugrauen Pelz, der im Winter in der Regel weiß wird. Er bewohnt die Nordpolarländer jenseits des Polarkreises. Der gemeine Fuchs (Canis vulpes, S. 160) variiert mannigfach in der Färbung, er kommt mit hellerer oder dunklerer, fast schwarzer Unterseite, mit dunkler und weißer Luntenspitze &c. vor. Der Heulwolf (Canis latrans, S. 158) ist ein in den nordamerikanischen Prärien von Kanada bis Mexiko lebendes Bindeglied zwischen Wölfen und Füchsen, während der Streifenwolf (Canis adustus, S. 160), der ganz Afrika bewohnt, zwischen Wolf und Schakal steht. Der Schakal (Canis aureus, S. 160) ist etwa von Fuchsgröße und variiert nach dem Vaterlande sehr in der Färbung. Er findet sich in den Ländern um das Mittelmeer, abgesehen von Südfrankreich, Italien und Sizilien, in Südrußland, Kleinasien, durch das mittlere Asien, in Vorderindien und Ceylon und in manchen Gegenden Hinterindiens. Man kann ihn auch als eine Art Zwischenform zwischen Wolf und Fuchs auffassen. Der gemeine Wolf (Canis lupus, S. 158), ein allbekanntes Tier, bewohnt den größten Teil Europas, und in England, Nord- und Mitteldeutschland, wo er sich jetzt nicht mehr findet, ist er in historischer Zeit ausgerottet; ob er je Sizilien, Corsica und Sardinien bewohnte, ist zweifelhaft, im nordwestlichen Afrika ist er vorhanden, findet sich in Nordostasien und in ganz Mittelasien bis an die Südabhänge des Himalaja und wird in Nordamerika durch eine kaum artlich verschiedene Form vertreten.

Der Haushund ist wohl das am längsten vom Menschen domestizierte Säugetier, der uralte Jagdgefährte, der Wächter von Hab und Gut, vielfach als Transporttier verwertet, ja stellenweise als solches unentbehrlich. Über seine Abstammung gehen die Ansichten sehr auseinander, bald soll er nur vom Wolf, bald nur vom Schakal, bald wieder von beiden, bald von verschiedenen lebenden und ausgestorbenen Arten von Wildhunden der Alten und der Neuen Welt herstammen, nur so viel ist wohl als feststehend anzunehmen: Blut des gemeinen Wolfes hat er unbedingt in sich. Ich kann unmöglich in Einzelheiten der Naturgeschichte des Haushundes treten, ja nicht einmal alle seine Rassen und Unterrassen, die sich alle fruchtbar zu kreuzen scheinen, namhaft machen. Am nächsten dem Wolf dürften die Spitzhunde kommen, zu denen die Eskimohunde, der Spitz (S. 161) und der Schäferhund (S. 161) gehören. Eine zweite Gruppe bilden die Pinscher, z. B. mit dem rauhhaarigen Affenpinscher (S. 162). Die Gruppe der Seidenhunde ist langbehaart, und zu ihr zählen verschiedene besonders beliebte Rassen, wie der Pudel (S. 162), der Bernhardiner (S. 163), der Neufundländer. Als Jagdgenossen werden dem Menschen teuer unter andern der Hirsch-, Schweiß- und Vorstehhund, von dem es eine lang- und eine kurzhaarige Unterrasse (S. 163) gibt. Nahe an diese Gruppe schließt sich einerseits die der Teckel (S. 164) und anderseits die der Doggen an, zu der unter andern die dänische Dogge (S. 165), der Bullenbeißer (S. 165) und der degenerierte Mops (S. 164) gehören. Der edelste Vertreter der Gruppe ist der Windhund (S. 166). Über den australischen Dingo (Canis dingo, S. 166) gehen die Ansichten noch auseinander. Nach Meinung der einen Forscher ist er wirklich ein Eingeborner Australiens, nach der der anderen nur ein verwilderter Nachkomme eines vom Menschen eingeführten Haushundes.

B. Unterordnung: **Wasserraubtiere (Pinnipedia).** Die Wasserraubtiere oder Flossenfüßler sind einseitig an das Wasserleben angepaßte Säugetiere, die wahrscheinlich selbst nicht einheitlichen, sondern doppelten, wenn nicht gar dreifachen Ursprungs sind, die Seehunde mögen sich an modifizierte, ausgestorbene Otter-, die Ohrenrobben an Bärenformen angeschlossen haben, während sich über die Herkunft der dritten Gruppe, der Walrosse, kaum Vermutungen aufstellen lassen. Allen gemeinsam sind der plumpe, kurzhalsige, sackförmige Leib und die flossenförmigen, kurzen Gliedmaßen, deren hinteres Paar rückwärts gerichtet ist. Die Schwänze sind sehr kurz.

1. Familie: **Ohrenrobben** (Otariidae). Die Ohrenrobben haben jederseits oben 3 Schneide- und 6 oder 5 Backenzähne und unten 3 Schneide- und immer 5 Backenzähne. Die Vorderzehen nehmen von innen nach außen an Größe ab, die Hinterzehen sind von ziemlich gleicher Länge, alle werden an den Spitzen von Hautlappen überragt, die Sohlen sind unbehaart. Sie haben äußere Ohren und gehören den Meeren der gemäßigten und kalten Gegenden der südlichen Erdhälfte an, von wo sie in dem Stillen Ozean weit nach Norden vorgedrungen sind, in dem Atlantischen aber nicht. Die Ohrenrobben leben gesellschaftlich, scheinen alle Polygamisten zu sein, und ihre Geschlechter unterscheiden sich teilweise beträchtlich. Die Mähnenrobbe (Otaria jubata) hat eine nicht sehr starke mähnenartige Behaarung des Halses, die Weibchen sind bedeutend kleiner als die Männchen und glatthaarig. Die Farbe ist gelblichbraun, oben heller. Diese Art findet sich im antarktischen Meer bis an die Küsten von Neuseeland, Südaustralien und Südamerika, wo sie im Westen bedeutend weiter nordwärts geht. Der Seelöwe (Otaria Stelleri, S. 167) bewohnt die Gestade des Stillen Ozeans vom Äquator nordwärts bis etwa zum 58. Grad nördlicher Breite. Der Seebär (Otaria ursina, S. 167) erreicht im männlichen Geschlecht eine Länge von mehr als 3 m, während die Weibchen bloß halb so groß werden. Die dunkelbraunen Tiere finden sich im nördlichen Stillen Ozean.

2. Familie: **Seehunde** (Phoridae). Die Schneidezähne der Seehunde schwanken an Zahl (entweder jederseits oben 2 und unten 1, oder oben und unten 2 oder endlich oben 3, unten 2), während immer in jeder Ober- und Unterkieferhälfte 5 Backenzähne vorhanden sind. Ein äußeres Ohr fehlt diesen Tieren. An den Vorderfüßen verhalten sich die Zehen wie bei den Ohrenrobben, aber an den Hinterfüßen sind die innerste und äußerste beträchtlich länger als die 3 mittleren. Sie bewohnen die kalten und gemäßigten Gewässer beider Hemisphären, 2 Arten finden sich in den tropischen Gewässern an Amerikas Ostküste. Der gemeine Seehund (Phoca vitulina, S. 168) ist in den nördlichen Meeren von der Nord- und Ostsee nordwärts zu Hause. Der grönländische (Phoca groenlandica, S. 168) ist etwas kleiner. In der Jugend haben beide ein glänzend weißes Fell, im Alter erhält dieser einen schwarzen Kopf und einen schwarzen von der Schulter zum Kreuz reichenden Sattelflecken. Der gemeine Seehund ist im Alter grau oder grau und braun gesprenkelt.

Bei den Blasenrobben (Cystophora) besitzen die männlichen Individuen mit den Nasenhöhlen verbundene Hautsäcke, die beim Kampf mit Nebenbuhlern aufgeblasen werden. Bei der nordatlantischen Klappmütze (Cystophora cristata, S. 168) liegt ein solcher auf der Stirn, bei den antarktischen Seeelefanten (Cystophora proboscidea, S. 168) bildet er eine rüsselförmige Verlängerung der Nase selbst.

3. Familie: **Walrosse** (Trichechidae). Die Familie der Walrosse umfaßt bloß eine Gattung mit einer Art (Trichechus rosmarus, S. 167), ein gewaltiges, plumpes Tier, das in der Jugend allenthalben dunkelbraun behaart ist, aber im Alter sein Haar verliert. Unten hat hat es 1, oben 2 Schneidezähne in jeder Kieferhälfte, und oben auch jederseits einen sehr großen, bis 80 cm lang werdenden Eckzahn. Das Walroß hat 2 getrennte Verbreitungsbezirke im Eismeer, der eine liegt wesentlich um Nowaja Semlja, Spitzbergen und die Däreninsel herum, der andere zwischen dem nordöstlichen Gestade Asiens und dem nordwestlichen Amerikas.

10. Ordnung: Insektenfresser (Insectivora).

Die Insektenfresser sind kleine, bis sehr kleine Säugetiere mit einem scharfen Raubtiergebiß, in dem alle Arten von Zähnen vorkommen. Sie haben einzackige vordere und mehrzackige hintere oder echte Backenzähne. Ein Schlüsselbein ist bei ihnen vorhanden, sie treten mit ganzer Sohle auf und haben meist an beiden Gliedmaßenpaaren 5 Zehen mit zum Graben geschickten Nägel. Das Gehirn steht auf einer sehr niedrigen Stufe der Entwickelung, ist windungslos und die Hemisphären bedecken das Kleinhirn nicht. Manche Formen leben unterirdisch, viele sind nächtlich, und sie ernähren sich wesentlich von Insekten, wenn auch die größeren kleine Wirbeltiere, Vögel und ihre Eier sowie auch Früchte nicht verschmähen. Manche entgehen dem Einfluß der Winterkälte oder der tropischen Sommerdürre durch einen Winter-, bez. Sommerschlaf. Die einzelnen Familien zeigen bedeutende Verschiedenheiten und stehen vielfach verbindungslos nebeneinander. Ihre geographische Verbreitung zeigt gleichfalls einiges Eigentümliche. Sie fehlen in den Gebieten östlich von der Straße von Makassar, mit Ausnahme der Molukken und Timor, und sind in Südamerika auf Guatemala beschränkt. Die Ordnung umfaßt 6 Familien.

1. Familie: **Spitzmäuse** (Soricidae). Die Spitzmäuse haben die Verbreitung der ganzen Ordnung und sind die artenreichste (63) Familie. Sie gleichen zufolge der terrestrischen Lebensweise und der Gewohnheit alles zu durchschnüffeln vielfach gewissen kleinen Nagern sehr. Ihr spitzes Schnäuzchen ist rüsselartig verlängert, ihre Augen und Ohrmuscheln sind klein, ihr Balg ist kurzhaarig und weich. An den Seiten oder auf dem Rücken des Körpers haben sie Hautdrüsen, die einen bisamartig riechenden Stoff absondern. Diese Familie umfaßt 2 Unterfamilien.

a) Unterfamilie: **Echte Spitzmäuse** (Soricinae). Die echten Spitzmäuse haben 28—32 Zähne und in der Regel im Oberkiefer mehr als im Unterkiefer. Der Schädel ist langgestreckt kegelförmig und ihre Beine sind kurz, die vorderen bisweilen kürzer als die hinteren. Es ist die am weitesten verbreitete und artenreichste Gruppe der Insektenfresser und bildet eine Gattung, die man ganz unnötigerweise in eine Reihe von Untergattungen zerlegt hat. Die Arten der Gattung Sorex, die einzige, die wir annehmen, sehen sich sehr ähnlich. Die Wasserspitzmaus (Sorex fodiens, S. 169) bewohnt das westliche Mittelasien und ganz Europa mit Ausnahme des hohen Nordens. Die Wimperspitzmaus (Sorex suaveolens, S. 169) ist das kleinste bekannte Säugetier und findet sich in den Ländern um das Mittelmeer herum. Am häufigsten sind bei uns die Hausspitzmaus (Sorex aranea, S. 169) und die Waldspitzmaus (Sorex vulgaris, S. 169).

b) Unterfamilie: **Desmane** (Myogalinae). Die Desmane haben äußerlich nicht wahrnehmbare Ohren und im Oberkiefer ein Paar sehr große, senkrechte mittlere Schneidezähne. Da es Wassertiere sind, haben sie Schwimmhäute zwischen den Zehen und einen seitlich stark abgeplatteten, kahlen Schwanz. Ihr Rüssel ist lang und sehr beweglich. Die einzige Gattung umfaßt 2 Arten, den russischen Desman (Myogale moschata, S. 172) oder Wychuchol und den viel kleineren pyrenäischen (Myogale pyrenaica).

2. Familie: **Maulwürfe** (Talpidae). Diese sehr originellen Tiere haben einen walzenförmigen Körper, einen verhältnismäßig kleinen Kopf, kaum sichtbare Augen, keine äußerlichen Ohren und sehr merkwürdige, große, starknägelige, zum Graben eingerichtete Vorderpfoten. Sie bewohnen Europa, das mittlere und nördliche Asien und Nordamerika. Unser gemeiner Maulwurf (Talpa europaea, S. 171) hat einen kurzen, samtweichen und samtschwarzen Pelz, rosenrote Pfötchen und eine rosenrote Rüsselschnauze. Er findet sich in ganz Europa mit Ausnahme von Irland und Sardinien und geht östlich bis zur Lena.

3. Familie: **Rohrrüßler** (Macroscelididae). Der Rüssel dieser springenden Insektenfresser ist lang und dünn, ihre äußeren Ohren sind ansehlich, ihre Augen groß und ihre Hinterbeine zufolge der verlängerten Mittelfußknochen bedeutend länger als die vorderen. Auch ihr Schwanz ist lang und dient, wenn sie aufrecht sitzen, zur Stütze. Sie bewohnen das südliche, östliche und nordwestliche Afrika. Die bekannteste Art ist der oben dunkler, unten heller graue, weißpfotige Elefantenspitzmaus (Macroscelidea typicus, S. 170) vom Kap.

4. Familie: **Spitzhörnchen** (Tupaiidae). Die Angehörigen dieser Familie haben viel Ähnlichkeit mit Eichhörnchen, einen buschigen Schwanz wie diese, auch leben sie ähnlich kletternd auf Bäumen, doch haben sie einen längeren, viel gestreckteren, in einen spitzen Rüssel auslaufenden Schädel. Sie sind auf die Malaiischen Inseln und Hinterindien beschränkt; eine Art findet sich in den Bergen Vorderindiens.

5. Familie: **Borstenigel** (Centetidae). Die Verbreitung dieser Tiere ist sehr seltsam, indem sich nämlich 8 Arten auf Madagaskar und je eine Art auf Cuba und Haïti finden. Die Tiere haben einen gestreckten Körper, einen langen, in einen spitzen Rüssel auslaufenden Kopf, einen langen nackten oder keinen äußeren Schwanz, fünf mit starken Grabkrallen bewaffnete Zehen an den kurzen Füßen und eine aus steifen Borsten und auf dem Rücken aus Stacheln zusammengesetzte Körperbedeckung. Der Tanrek (Centetes ecaudatus, S. 170) ist ein schwanzloser Bewohner Madagaskars und der Maskarenen. Die Form von Cuba ist der Almiqui (Solenodon cubanus).

6. Familie: **Igel** (Erinaceïdae). Die Igel haben eine ähnliche Hautbedeckung wie der Tanrek, nur herrschen die Stacheln noch mehr vor. Ihr Körper ist kurz, gedrungen, ihr

Rüssel und ihr Schwanz sind gleichfalls nicht sehr lang, letzterer bisweilen sogar äußerlich kaum wahrnehmbar. Es sind nächtliche Tiere, die das Vermögen besitzen, sich zusammenzurollen. Sie finden sich in Europa und dem größten Teil Asiens, in Nord- und Südafrika. Der gemeine Igel (Erinaceus europaeus, S. 171) ist in den meisten Gegenden Europas ein häufiges Tier, das östlich bis zum Ural und Kaukasus, nördlich bis über den 60. Grad vorkommt.

11. Ordnung: Pelzflatterer (Dermatophora).

Diese Ordnung umfaßt nur eine Familie (Galeopithecidae) und eine Gattung (Galeopithecus) mit 2 Arten: dem Kapuang (G. volans, S. 172) von den Großen Sundainseln, Celebes und Timor und dem Philippinenflatterer (G. philippinensis). Die Tiere haben oben jederseits einen, unten 2 Schneide- und 6 breite Backenzähne. Die unteren Schneidezähne sind am Rand eigentümlich kammartig eingekerbt. Vom Hals zu den Vorderpfoten, zwischen den Gliedmaßen, von den Hinterpfoten bis zur Spitze des kurzen Schwanzes und endlich zwischen den fünf Zehen jedes Fußes verläuft eine auf beiden Seiten behaarte, fallschirmartig entwickelte Haut. Die Tiere gehen nachts ihrer hauptsächlich aus Blättern bestehenden Nahrung nach.

12. Ordnung: Fledermäuse (Chiroptera).

Die Fledermäuse kann man, wenigstens die eine Unterordnung, die Flugform der Insektenfresser nennen. Zwischen den vier stark verlängerten Zehen der Vorderfüße, zwischen diesen und den Hinterfüßen, meist, wo ein Schwanz vorhanden ist, zwischen diesem und den Hinterschenkeln ist eine dünne, zart behaarte Flughaut ausgespannt. Die Innenzehen der Vorderfüße sind frei und meist mit Krallen, die auch an den Hinterzehen vorhanden sind, versehen. Die Weibchen haben 2 Zitzen an der Brust. Die Fledermäuse besitzen eine starke Brustmuskulatur und zur Vergrößerung derer Ursprungsfläche einen Kamm auf dem Brustbein. Die Elle ist der längste Knochen am Skelett, oft so lang wie der Rumpf, die Speiche ist verkümmert und nur ihr Vorderende als Knochenstäbchen übriggeblieben. An den hinteren Gliedmaßen ist das Wadenbein ähnlich beschaffen. Das Gehirn ist windungslos, der Gefühlssinn außerordentlich entwickelt. Sein Sitz sind außer der Flughaut auch oft große, phantastisch gestaltete Anhänge der Nase und der Ohren. Die Fledermäuse sind weiter als irgend eine andere Säugetierordnung verbreitet, indem sie auch auf Neuseeland und vielen Inseln des Stillen Ozeans Vertreter haben.

Die beiden Unterordnungen, in die man diese Ordnung zerlegt hat, sind möglicherweise gar nicht näher miteinander verwandt, sondern nur durch ähnliche Anpassungen einander ähnlich geworden (durch sogenannte Konvergenz der Charakter).

A. Unterordnung: **Fruchtfressende Fledermäuse (Frugivora).** Die fruchtfressenden Fledermäuse haben in der Regel eine spitze Schnauze, auf der Krone flache Backenzähne, am Zeigefinger 3 Glieder und meist einen Nagel an dem zweiten Finger, kleine äußere Ohren, kurze Schwänze und im Ober- und Unterkiefer jederseits 2 Schneide- und 3 Backenzähne; sie bewohnen die warmen Länder der Alten Welt.

Diese Unterordnung umfaßt nur eine Familie, die fliegenden Hunde (Pteropodidae); ihre bekannteste Art, der Kalong (Pteropus edulis, S. 173), ist ein sehr dunkelbrauner Bewohner der Sundainseln, Timors und der benachbarten Inseln, wahrscheinlich auch Malakkas. Sein Nacken, Hinterkopf und Brustteil sind von rotgelber Farbe. Er klaftert bis 1,28 m.

B. Unterordnung: **Insektenfressende Fledermäuse (Insectivora).** Die Mitglieder dieser Unterordnung haben in der Regel eine stumpfe, abgerundete Schnauze, spitze Zähne und keine Kralle an dem aus 4 Gliedern bestehenden 2. Finger. Sie bilden 2 Familien.

1. Familie: **Glattnasige Fledermäuse** (Gymnorhinidae). Diese Tiere haben keine Hautanhänge an der Nase, in der Regel eine gespaltene Oberlippe und große Ohren, vor deren Eingang sich ein freistehendes, deckelartiges, kleineres Hautblatt erhebt. Schneidezähne finden sich oben jederseits 2, 1 oder keiner, wobei selbst der Zwischenkiefer fehlt. Hierher gehören von anderen deutschen Arten die Zwergfledermaus (Vesperugo pipistrellus), die frühfliegende Fledermaus (Vesperugo noctula, S. 174), die Mopsfledermaus (Synotus barbastellus, S. 175), die Ohrenfledermaus (Plecotus auritus, S. 173) und die abends über

Seen und Teichen der Insektenjagd obliegende **Wasserfledermaus** (Vespertilio Daubentonii, S. 174). Zu dieser Familie zählt auch die kosmopolitisch verbreitete Gattung Vespertilio.

2. Familie: **Blattnasige Fledermäuse** (Phyllorhinidae). Diese Tiere haben auf der Nase einen häutigen, blattartigen Aufsatz, der verschieden entwickelt sein kann. Bei höchster Entwickelung, z. B. am Kopf des das tropische Amerika bewohnenden Insekten und Früchte fressenden, aber auch Warmblütern das Blut aussaugenden **Vampirs** (Phyllostoma spectrum, S. 176), besteht er aus einem unpaaren, mittleren, lanzettförmigen Abschnitt. Unter diesem zieht sich ein zweiter, halbmondförmiger hin, dessen nach oben aufsteigenden Fortsätze rechts und links durch den sogenannten Sattel von ihm getrennt sind. Bei der hin und wieder in Deutschland vorkommenden **Hufeisennase** (Rhinolophus ferrum-equinum, S. 176) ist der mittlere Abschnitt durch 2 Paar übereinander liegender seitlicher Eindrücke noch komplizierter. Eine der wunderlichsten hierher gehörigen Formen ist die **Klappnase** (Rhinopoma microphyllum, S. 175) mit einem merkwürdig langen Schwanz. Dieses Tier bewohnt Ägypten.

13. Ordnung: Lemuren (Lemures).

Diese sehr verkehrterweise auf deutsch Halbaffen und lateinisch Prosimii genannte Ordnung umfaßt kleine, selten mittelgroße Säugetiere, deren 4 Füße meist die Gestalt von Händen haben, da die Innenzehen in der Regel gegenüberstellbar sind. Hierdurch verraten sich die Lemuren als echte Baum- und Klettertiere. Die 2. Zehe (Finger) der vorderen Pfoten ist bisweilen stark verkürzt, und die 4. ist immer von allen die längste. Die Zehenspitzen sind meist oben mit platten Nägeln bedeckt, bis auf die 2. der Hinterpfoten, die eine krumme Kralle trägt. Das hintere Gliedmaßenpaar ist oft viel länger als das vordere. Der Kopf hat einen abgerundeten Hirnschädel und einen gestreckten Schnauzenteil. Die Ohren sind meist, die Augen immer groß. Die letzteren unter Umständen im Verhältnis größer als bei irgend einem anderen Säugetier. Der Schwanz kann äußerlich fehlen, sehr kurz, aber auch sehr lang entwickelt sein. Die wesentlich von Insekten, aber auch von Früchten lebenden, kleine Wirbeltiere und Eier nicht verschmähenden Lemuren entwickeln nachts ihre Hauptthätigkeit.

Von dieser Ordnung leben 33 Arten auf Madagaskar, 16 im kontinentalen Afrika und 5 in Ostindien. Sie zerfällt in 3 Familien.

1. Familie: **Fingertiere** (Chiromyidae). Diese Familie enthält nur eine Gattung und eine Art, das **Aye-Aye** (Chiromys madagascariensis, S. 177), das nicht bloß der abweichendste Lemur, sondern eins der abweichendsten Säugetiere überhaupt ist. Es besitzt jederseits oben und unten einen großen, nagezahnähnlichen Schneidezahn, keinen Eck- und oben 4, unten 3 Backenzähne. Die vordere Extremität hat einen breiten Daumen, und ihr 3. Finger ist außerordentlich dünn. Alle Finger und Zehen, außer den innersten, haben lange Nägel. Der Pelz ist, besonders am Schwanze, straff- und langhaarig, von grauroter, am langen Schwanze und an den Händen fast schwarzer Farbe. Es gibt hellere und dunklere Individuen. Die Zitzen liegen in den Weichen. Das nächtliche Tier lebt von Insekten und vom Mark des Bambus- und Zuckerrohrs.

2. Familie: **Gespensttiere** (Tarsiidae). Die einzige bekannte Art dieser Familie, der **Koboldmaki** (Tarsius spectrum, S. 177), ist gleichfalls ein äußerst seltsames, kleines Wesen mit sehr verlängerten Wurzeln der Hinterfüße, langem Schwanz, ansehnlichen Ohren, ganz unverhältnismäßig großen, kleinpupilligen Augen und an der Unterseite polsterartig verdickten Zehenenden. An den Vorderpfoten ist ausnahmsweise die 3. Zehe die längste, an den Hinterpfoten sind die 2. und 3. Zehe mit Krallen versehen. Die Vorderbeine sind sehr viel kürzer als die Hinterbeine. Das rötlich gelbbraune Tierchen bewohnt Sumatra, Borneo, Banka, Celebes und die Philippinen. Es sucht in tiefster Nacht seine aus Kerbtieren bestehende Nahrung, die es im Sprunge, wie die Laubfrösche, erhascht.

3. Familie: **Echte Lemuren** (Lemuridae). Die echten Lemuren haben im Ober- und Unterkiefer jederseits 2, oder im Unterkiefer 1, oder endlich im Oberkiefer keine Schneidezähne und 5 oder 6 Backenzähne. Die hinteren Gliedmaßen sind etwas länger als die vorderen, die 2. Zehe der Hinterfüße hat eine Kralle.

Diese Familie zerfällt in 4 Unterfamilien.

a) Unterfamilie: **Galagos** (Galagininae). Die Hinterbeine sind bedeutend länger als die Vorderbeine, was namentlich der sehr verlängerten Fußwurzel zugeschrieben werden muß. Der

Schwanz übertrifft den Körper an Länge, und die Ohren sind groß. Die Galagos finden sich im kontinentalen tropischen Afrika und auf Fernando Po sowie auf Sansibar. Hierher gehört der **Riesengalago** (Otolicnus crassicaudatus, S. 178) von Ostafrika.

b) Unterfamilie: **Loris** (Nycticebinae). Die Loris sind träge, zum Teil das Festland von Afrika, zum Teil Indien bewohnende Lemuren, die oben und unten jederseits 2 Schneidezähne und 6 Backenzähne haben. Da die Wurzel des Hinterfußes nicht verlängert ist, sind beide Gliedmaßenpaare fast von gleicher Länge. Der Schwanz fehlt oder ist, wenn vorhanden, immer kürzer als der halbe Körper. Zu der Gattung Stenops, die schwanzlos ist, kurze Zeigefinger, ziemlich lange Extremitäten und nahe bei einander stehende Augen mit schlitzförmiger Pupille hat, gehört unter andern der **Plumplori** (Stenops tardigradus, S. 179), der **Schlanklori** (Stenops gracilis, S. 180), beides indische Arten, und der afrikanische **Bärenmaki** (Arctocebus calabariensis, S. 179).

c) Unterfamilie: **Makis** (Lemurinae). Die Mitglieder dieser Unterfamilie werden ausschließlich auf Madagaskar angetroffen. Meist stimmt ihr Gebiß mit dem der Loris überein, es kommt aber auch vor, daß im Oberkiefer Schneidezähne überhaupt fehlen. Die Wurzeln der Hinterfüße sind zwar nicht verlängert, gleichwohl sind die Hinterbeine bedeutend größer als die vorderen. Der Schwanz ist mindestens ²/₃ solang wie der Körper. Das ist die zahlreichste Unterfamilie der echten Lemuren, deren Arten aber schwer zu unterscheiden sind, da sie nach Lokalität des Vorkommens, nach dem Alter und Geschlecht Varietäten bilden. Es seien von den zahlreichen nur folgende namhaft gemacht: der einem Siebenschläfer nicht wenig gleichende **Bilchmaki** (Microcebus myoxinus, S. 178), der wickelbärähnliche **Katzenmaki** (Chirogaleus furcifer), der **Halbmaki** (Hapalemur griseus), der hübsch gezeichnete **Katta** (Lemur catta, S. 180), der **Mongoz** (Lemur mongoz, S. 181) und der **Vari** (Lemur varius, S. 181).

d) Unterfamilie: **Indri** (Indrisinae). Die Indri haben jederseits im Oberkiefer 2 Schneide- und 5 Backenzähne, im Unterkiefer aber bloß einen Schneidezahn, kleine Ohren, wenig verlängerten Gesichtsschädel und verschieden lange Schwänze. Diese Unterfamilie umfaßt 3 Gattungen mit 5 auf Madagaskar beschränkte Arten, zu denen der **Kronenindri** (Lichanotus mitratus, S. 182) gehört, ein wunderlicher Geselle, mit ansehnlichen, fast gleichlangen Gliedmaßen und kurzem Stummelschwänzchen. Sehr auffallend sind die großen Pfoten mit ihren kolossalen Daumen, die aussehen, als ob sie in weitläufigen schwarzen Winterhandschuhen stäken.

14. Ordnung: Affen (Primates).

Die Affen haben oben und unten jederseis 2 Schneidezähne. Die Eckzähne sind immer etwas verlängert, und zwischen denen des Oberkiefers und den entsprechenden Schneidezähnen ist immer eine Lücke zur Aufnahme des unteren Eckzahns. Die eigentümlich entwickelten Endabschnitte der Gliedmaßen werden an den vorderen zu wahren Händen, an den hinteren bleiben sie zwar Füße, nehmen aber doch durch die gegengestellte Innenzehe eine eigenartige Beschaffenheit an. Die Endglieder der Finger und Zehen tragen oben Nägel, selten Krallen, die Augen sind nach vorn gerichtet und das Gesicht nebst den Innenseiten der Hände und Füße, oft auch noch Stellen an dem Gesäß sind unbehaart. Die Weibchen haben 2 Zitzen an der Brust.

Die Ordnung der Affen zerfällt in 2 Hauptgruppen, von denen die eine die Tropen der Neuen, die andere die der Alten Welt bewohnt.

A. **Affen der Neuen Welt (Platyrrhinae).** Diese Gruppe enthält die altertümlicheren Formen, deren Nasenlöcher durch eine breite Scheidewand getrennt seitlich liegen. Sie haben fast immer in jeder Kieferhälfte einen Backenzahn mehr (nämlich zusammen 6) als die altweltlichen Affen, auch haben sie immer einen verlängerten Schwanz, aber niemals Gesäßschwielen und Backentaschen. Endlich sind sie sämtlich kleiner. Ihr Vorkommen beschränkt sich auf den Kontinent von Amerika etwa vom 29. Grad südlicher Breite bis zum 22. Grad nördlicher Breite. Sie zerfallen in 3 Familien.

1. Familie: **Krallenäffchen** (Hapalidae). Die Angehörigen dieser Familie haben in jeder Hälfte des Ober- und Unterkiefers bloß 5 Backenzähne. An den Vorderpfoten ist der

Daumen nur in geringem Grade gegenstellbar, alle Finger und Zehen tragen Krallen, nur die Innenzehe des Hinterfußes ist mit einem platten Nagel versehen. Der Schwanz ist nicht zum Greifen eingerichtet. Hierzu gehören die allerliebsten Seidenäffchen: der Saguin (Hapale jacchus, S. 182), das Silberäffchen (Hapale argentata, S. 182) und das Pinseläffchen (Hapale penicillata, S. 182). Sie sind echte Kinder der tropischen Wälder.

2. Familie: **Schweifaffen** (Pitheciidae). Bei den Schweifaffen ist der Schwanz nicht zu einem Greifapparat umgestaltet, er ist auch allenthalben behaart, und seine Wirbel verjüngen sich in der gewöhnlichen Weise der Säugetiere nach hinten zu. Hierher zählt der Saimiri (Chrysothrix sciurea, S. 183) aus Guayana, Nordbrasilien, ferner der Mirikina (Nyctipithecus trivirgatus, S. 184) aus dem mittleren Südamerika und der an den Ufern des Amazonenstroms und Orinokos lebende Satansaffe (Pithecia satanas, S. 185). Ein wunderliches Tier ist der Peru und Brasilien bewohnende Uakari (Brachycorus calvus, S. 183) mit sehr dichtem, langem, gelblichbräunlichem Pelz, rotem Gesicht und einem Stummelschwänzchen.

3. Familie: **Greifschwanzaffen** (Cebidae). Der Schwanz dient zum Greifen und seine Endwirbel sind seitlich verbreitert. Diese Familie umfaßt 2 Unterfamilien.

a) Unterfamilie: **Vollschwanzaffen** (Cebinae). Der Schwanz der Angehörigen dieser Unterfamilie dient zwar zum Greifen, ist aber allenthalben, auch auf der Unterseite, behaart. Hierher gehört bloß die einzige, artenreiche (16) Gattung der Kapuzineraffen (Cebus), die das Festland von Südamerika, von Costa Rica bis Paraguay bewohnt. Es sind gesellschaftliche, lebhafte Tagtiere, von denen sich oft mehrere verschiedene Arten zusammen thun. Sie scheinen in Polygamie zu leben. Der Weißbart (Cebus leucogenys, S. 185) ist kein häufiger Affe, wohl aber der braune Apella (Cebus Apella). Ein besonders schönes Geschöpf ist die Nonne (Cebus hypoleucus), weniger der seltene Fahlaffe (Cebus olivaceus). Aus dem südlichen Brasilien stammt der Sai (Cebus capucinus, S. 186), aus dem östlichen der Faunaffe (Cebus fatuellus, S. 186).

b) Unterfamilie: **Greifschwanzaffen** (Lagothrichinae). Der Schwanz dieser Affen ist an der Unterseite des Hinterendes unbehaart und schwielig. Zu ihnen gehören die größten neuweltlichen Affen, die das Sprungvermögen eingebüßt haben, aber den Schwanz als 5. Hand benutzend vortrefflich zu klettern verstehen. Sie finden sich von Guatemala bis Paraguay. Die Spinnenaffen (Ateles) sind wunderliche Tiere mit kleinen runden Köpfen, sehr langen, schmächtigen Gliedmaßen und sehr langen Schwänzen. An den Vorderpfoten fehlt der Daumen ganz oder ist wenigstens verkümmert. Der ganz schwarze, rauhhaarige Coata (Ateles paniscus, S. 186) erinnert thatsächlich an eine große Spinne. Der Miriki (Ateles hypoxanthus, S. 187) hat einen gelblichgrauen Pelz. Berühmt wegen der kolossalen Stimmkraft der erwachsenen Männchen sind die Brüllaffen (Mycetes), bei denen der Körper des Zungenbeines zu einer großen Knochenblase, einem Resonanzboden, erweitert ist. Der vordere Daumen dieser Tiere ist dünn und sehr lang. Die Männchen des Caraja (Mycetes niger, S. 187) sind glänzend schwarz.

B. **Affen der Alten Welt (Catarrhini).** Die schmalnasigen Affen haben eine dünne Nasenscheidewand, so daß ihre Nasenlöcher nach vorn und unten gerichtet sind. Sie haben in jeder Kieferhälfte oben und unten bloß 5 Backenzähne, niemals einen Greifschwanz, während viele äußerlich schwanzlos erscheinen. Viele haben Gesäßschwielen und Backentaschen.

a) Erste Gruppe: **Mit Gesäßschwielen (Tylopyga).**

1. Familie: **Hundeaffen** (Cynopithecidae) haben verlängerte Schnauzen, einfache Magen und treten mit ganzer Sohle auf. Bei den Pavianen (Cynocephalus) sind die Schnauzen stark verlängert wie bei den Hunden. Sie haben ein gewaltiges Gebiß, namentlich kolossale Eckzähne, leben auf dem Boden und finden sich meist in Afrika. Eine fürchterliche Bestie ist der stummelschwänzige Mandrill (Cynocephalus mormon, S. 188). Der Tschakma (Cynocephalus porcarius, S. 189) hat einen langen, buschigen Schwanz. Eine besonders interessante Form ist der Mantelpavian (Cynocephalus hamadryas, S. 188), der ähnlich wie ein Löwe eine prächtige Mähne und am Schwanzende eine Quaste hat. Die Gattung der Schopfpaviane umfaßt nur eine Art (Cynopithecus niger, S. 189), die durch ihr Vorkommen merkwürdig ist. Sie findet sich nämlich auf der Insel Celebes und ist von hier, wahrscheinlich durch den Menschen, nach Batjan und den Philippinen gebracht worden. Charakteristisch für dieses Tier ist die weniger verlängerte Schnauze, ein Stummelschwanz und ein Haarschopf auf dem Kopf. Der

schwanzlose Magot (Inuus ecaudatus, S. 190) ist der einzige in Europa, und zwar auf den Felsen von Gibraltar wild vorkommende Affe, es ist aber zweifelhaft, ob seine Vorfahren nicht vom Menschen eingeführt worden sind. Sonst ist seine Heimat die nördliche Hälfte Afrikas, soweit sie nicht zur Wüste gehört. Der Schweinsaffe (Macacus nemestrinus, S. 190) hat einen kurzen, nach unten gekrümmten Schwanz und bewohnt Hinterindien, Malakka, Sumatra und vielleicht Borneo. Der in Vorderindien hausende Hutaffe (Macacus sinicus, S. 191) hat einen sehr langen Schwanz. Die Gattung der langschwänzigen, mit Backentaschen ausgestatteten Meerkatzen (Cercopithecus) ist reich an Arten (24), lebt wesentlich auf Bäumen und bewohnt das Festland des tropischen Afrika und Fernando Po. Einer der schönsten Affen ist der seltene Husarenaffe (Cercopithecus ruber, S. 191), der von Westafrika bis Abessinien vorkommt. Eine der häufigsten und im tropischen Afrika am weitesten verbreiteten Meerkatzen ist der Grünaffe (Cercopithecus sabaeus, S. 192).

2. Familie: **Schlankaffen** (Semnopithecidae). Die Schlankaffen haben ein weniger vorspringendes Profil, immer einen langen Schwanz, einen zusammengesetzten Magen und treten gleichfalls mit ganzer Sohle auf. Es sind Baumtiere und finden sich in tropischen Gebieten Asiens und Afrikas, eine Art bewohnt die Hochlande von Osttibet. Sie bilden zwei Gruppen: eine afrikanische und eine ostindische. Die afrikanische besteht aus der Gattung Stummelaffe (Colobus) mit verkümmertem Daumen an den Vorderhänden. Zu ihnen gehört der schönste Affe, die Guereza (Colobus guereza, S. 193) aus den Hochgebirgen Abessiniens. Der Bärenstummelaffe (Colobus ursinus, S. 193) bewohnt Westafrika und der Teufelsaffe (Colobus satanas, S. 193) vorzüglich Fernando Po. Die Gattung der asiatischen Schlankaffen (Semnopithecus) hat an Vorder- und Hinterhänden wohl entwickelte, wenn auch nur kurze Daumen. Der Hulman (Semnopithecus entellus, S. 194), der heilige Affe der Hindus, ist das häufigste Mitglied dieser Gattung. Eine besondere Gattung bildet der wunderliche Nasenaffe (Nasalis larvatus, S. 194) von Borneo.

3. Familie: **Gibbons** (Hytobatidae). Die Gibbons haben einen kleinen, abgerundeten Kopf, unverhältnismäßig lange Vordergliedmaßen, keinen Schwanz und einen einfachen Magen. Es sind ausgesprochene Baum- und Klettertiere, die in 7 Arten Hinterindien, Borneo, Sumatra, Java, Südchina und die Insel Hainan bewohnen. Eine der bekanntesten Formen ist der weißhändige Lar (Hytobates lar).

b) Zweite Gruppe: **Altweltliche Affen mit behaartem Gesäß (Dasypyga).**

Familie: **Waldmenschen** (Simiidae). Die Angehörigen dieser werden wohl auch mit den Gibbons zu der Familie der menschenähnlichen Affen (Anthropomorpha) vereinigt. Sie haben einen abgerundeten Schädel, der bei älteren Individuen sekundär durch die Entwickelung von Muskelleisten diese Gestalt verliert. Beim Gehen treten sie mit dem Außenrand der Füße auf und stützen sich auf die eingebogenen Finger der Hände. Gesäßschwielen fehlen, der Rumpf hat auf der Unterseite eine spärlichere Behaarung, und ebenso ist es bei den Gliedmaßen auf der Innenseite. Auf der Oberseite des Ober- und Unterarms ist sie ellbogenwärts gerichtet. Diese Affen sind Baum- und Klettertiere und bewohnen tropische Wälder in Asien und in dem kontinentalen Afrika. Der Orang-Utan (Pithecus satyrus, S. 195) hat lange bis zu den Knöcheln reichende Arme und einen verkürzten Daumen. Er findet sich auf Borneo und Sumatra. Afrikanisch ist der gewaltige Gorilla (Gorilla gina, S. 196) und der von allen Affenarten geistig am höchsten stehende Schimpanse (Simia troglodytes, S. 197 u. 198). Der erstere hat ein nur beschränktes Vorkommen an der afrikanischen Westküste, der zweite bewohnt ein weit größeres Gebiet, von einem langen Strich der tropischen Westküste bis tief in das Innere, bis in das Gebiet der großen Seen hinein.

Schnabeltier (Ornithorhynchus paradoxus). 1/4.

Australischer Stacheligel (Echidna aculeata). 1/5.

Schwimmbeutler (Chironectes variegatus). 1/3.

Opossum (Didelphys marsupialis). 1/5.

Stutzbeutler (Choeropus castanotis). 1/4.

Nasenbeuteldachs (Perameles nasutus). 1/4.

Teufel (Sarcophilus ursinus). 1/10.

Beutelwolf (Thylacinus cynocephalus). 1/10.

Ameisenbeutler (Myrmecobius fasciatus). 1/3.

Tafa (Phascologale penicillata). 1/2.

Tüpfelkuskus (Phalanger maculatus). 1/4.

Koala (Phascolarctus cinereus). 1/6.

Tasmanischer Wombat (Phascolomys ursinus) und Breitstirnwombat (Ph. latifrons). 1/8.

Beutelmaus (Acrobates pygmaeus). 1/1.

Bärenkänguruh (Dendrolagus inustus). 1/7.

Gelbfußkänguruh (Petrogale xanthopus). 1/10.

Känguruhratte (Potorous tridactylus). 1/6.

Opossumratte (Bettongia penicillata). 1/4.

Tamandua (Tamandua tetradactyla). 1/5.

Mähnen-Ameisenbär (Myrmecophaga jubata). 1/12.

Zwergameisenfresser (Cycloturus didactylus). 1/4.

Dreizehenfaultier (Bradypus tridactylus). 1/4.

Steppenschuppentier (Manis Temminckii). 1/5.

Gürtelmaus (Chlamydophorus truncatus). 1/2.

Erdferkel (Orycteropus capensis). 2 m Länge inkl. Schwanz.

Kugelgürteltier (Tolypeutes tricinctus). 1/4.

Sechsbindengürteltier (Dasypus sexcinctus). 1/5.

Susuk (Platanista gangetica). 1/18.

Gemeiner Delphin (Delphinus delphis). 1/18.

Pottwal (Catodon macrocephalus). 1/125.

Narwal (Monodon monoceros). 1/40.

Meerschwein (Phocaena communis). 1/15.

Grönlandwal (Balaena mysticetus). 1/150.

Zwergwal (Balaenoptera rostrata). 1/75.

Finnwal (Balaenoptera longimana). 1/175.

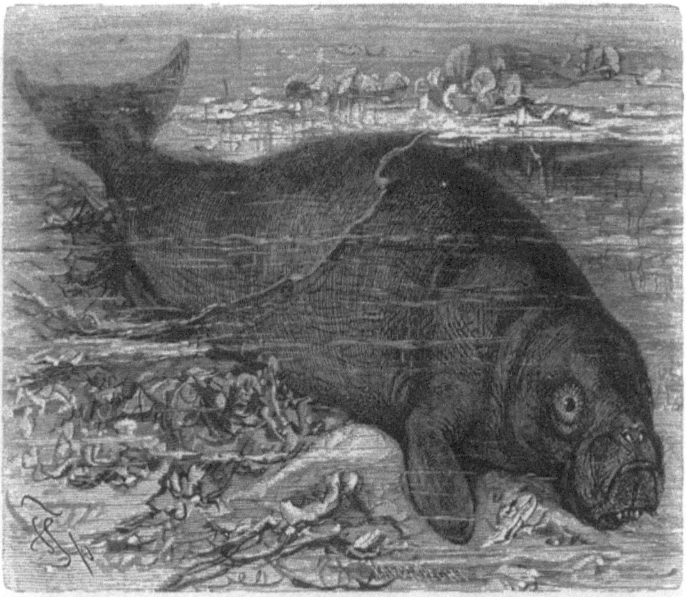

Dujong (Halicore dujong). 1/30.

Lamantin (Manatus latirostris). 1/20.

Flußpferd (Hippopotamus amphibius). 1/20.

Pekari (Dicotyles torquatus). 1/9.

Warzenschwein (Phacochoerus africanus). $^1/_{12}$.

Hirscheber (Porcus babyrussa). $^1/_8$.

Wildschwein (Sus scrofa). 2 m lang.

Berkshire-Schwein. 1/16.

Japanisches Maskenschwein. 1/16.

Dromedar (Camelus dromedarius). 1/25. Trampeltier (Camelus bactrianus). 1/25.

Pako (Auchenia paco). 1/25. Lama (Auchenia lama). 1/25. Vicuña (Auchenia vicunna). 1/20.

Moschustier (Moschus moschiferus). 1/12.

Kidang (Cervulus muntjac). 1/12.

Edelhirsch (Cervus elaphus). 2,15 m lang.

Renntier (Rangifer tarandus). 1/30.

Elen (Alces palmatus). 1/30.

Giraffe (Camelopardalis giraffa). 2,25 m Länge, 3 m Schulterhöhe, bis 6 m Kopfhöhe.

Gemse (Capella rupicapra). 1,1 m lang.

Klippspringer (Oreotragus saltator). 1/10.

Gnu (Catoblepas gnu). 1/18.

Saiga (Colus tataricus). 1/12.

Ducker (Cephalolophus mergens). 1/12.

Schikara (Tetraceros quadricornis). 1/10.

Kudu (Strepsiceros kudu). 3 m Länge inkl. Schwanz, 1,7 m Höhe.

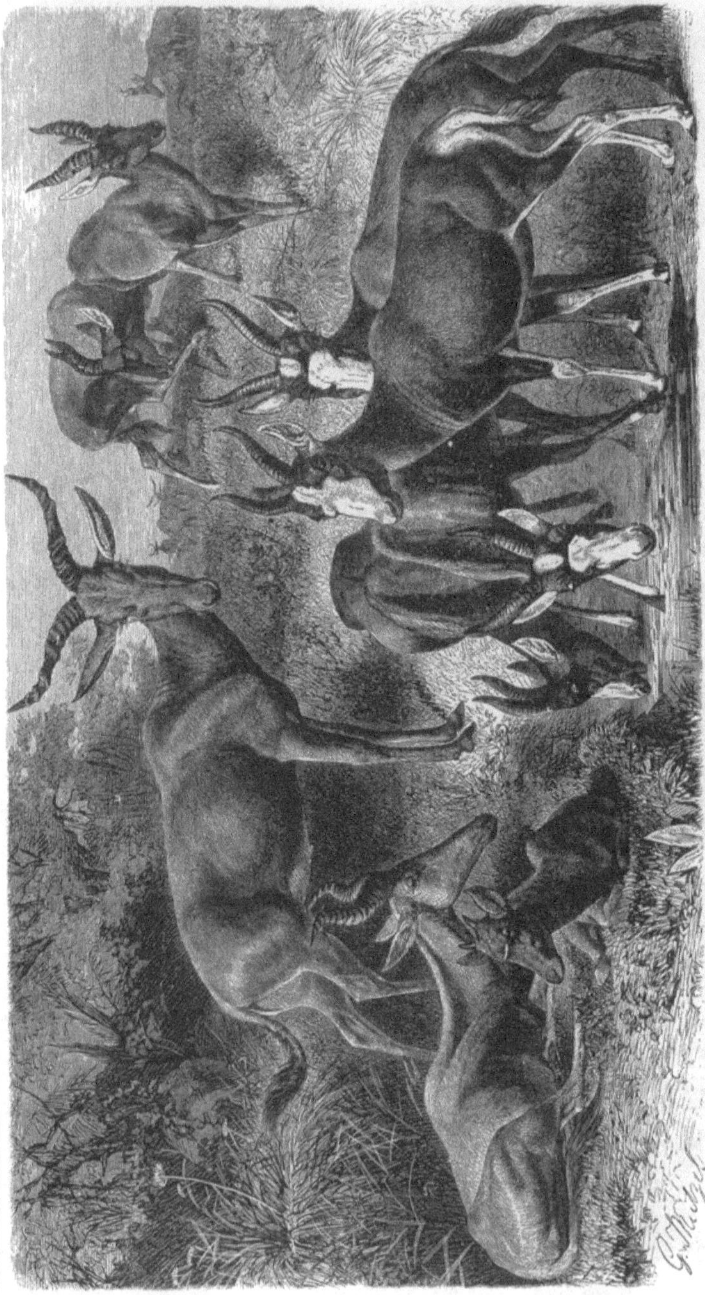

Tora (Bubalis bubalis). 2,8 m. Buntbock (Bubalis pygarga). 2 m. Bleßbock (Bubalis albifrons). 1,9 m. Senegalantilope (Bubalis senegalensis).

Angoraziege (Capra hircus angorensis). 1/12.

Schraubenziege (Capra Falconeri). 1/12.

Alpensteinbock (Ibex alpinus). 1,6 m.

Mufflon (Ovis musimon). 1/12.

Mähnenschaf (Ovis tragelaphus). 1/15.

Heidschnucke. Sehr grobwollig. 1/16.

Merino der Elektoral-Rasse. Höchste Wollfeinheit. 1/12.

Moschusochs (Ovibos moschatus). 1/15.

Bergschaf (Ovis montana). 1/16.

Anoa (Anoa depressicornis). 1/16.

Rotbüffel (Bubalus brachyceros) von Sierra Leone. 1/20.

Gaur (Bibos gaurus). 1/21.

Kafferbüffel (Bubalus caffer). 1/25.

Zebu (Bos indicus). 1/24.

Banteng (Bibos sondaicus). 1/20.

Jak (Poëphagus grunniens). 4,25 m Länge, 1,9 m Höhe.

Wisent (Bos bison). 3,5 m Länge, 1,8 m Höhe.

Durhamrind. 1/20.

Holländer Rind. 1/25.

Doppelnashorn (Rhinoceros bicornis). 1/20.

Tapir oder Anta (Tapirus americanus). 1/10.

Dauw oder Tigerpferd (Equus Burchellii). 1/16.

Hausesel. 1/16.

Trakehner. 1/28.

Tarpan. 1/25.

Indischer Elefant (Elephas indicus). Bis 3,5 m lang, bis 3,5 m hoch.

Abessinischer Klippschliefer (Hyrax abyssinicus). 1/4.

Feldhase (Lepus timidus). 1/5.

Alpenpfeifhase (Lagomys alpinus). 1/3.

Kaninchen (Lepus cuniculus). 1/6.

Viscacha (Lagostomus trichodactylus). 1/5.

Wollmaus (Eriomys lanigera). 1/3.

Chinchilla (Eriomys chinchilla). 1/3.

Rohrratte (Aulacodus swinderianus). 1/4.

Hutia-Conga (Capromys pilorides). 1/5.

Degu (Octodon Cummingii). 2/3.

Meerschweinchen (Cavia cobaya). 1/2.

Greifstachler (Cercolabes prehensilis). 1/8.

Mara (Dolichotis patagonica). 50 cm Länge, 45 cm Höhe.

Wasserschwein (Hydrochoerus capybara). 1 m lang.

Paka (Coelogenys paca). 1/4.

Aguti (Dasyprocta aguti). 1/4.

Stachelschwein (Hystrix cristata). 65 cm Länge, 24 cm Höhe.

Quastenstachler (Atherura africana). 1/3.

Gopher (Geomys bursarius). 1/4.

Taschenspringer (Dipodomys Philippii). 1/2.

Blindmolle (Spalax typhlus). 1/2.

Lemming (Myodes lemmus). 1/2.

Feldmaus (Arvicola arvalis). 2/3.

Wasserratte (Arvicola amphibia). 2/3.

Bisamratte (Fiber zibethicus). 1/3.

Hamster (Cricetus vulgaris). 1/3.

Hausmaus (Mus musculus). 4/5.

Wanderratte (Mus decumanus). 1/2.

Hausratte (Mus rattus). 2/3.

Springhase (Pedetes caffer). 1/8.

Wüstenspringmaus (Dipus aegyptiacus). 1/2.

Biber (Castor fiber). Bis 95 cm lang.

Haselmaus (Muscardinus avellanarius). 4/5.

Siebenschläfer (Myoxus glis). 1/2. Gartenschläfer (Eliomys nitela). 1/2.

Prairiehund (Cynomys ludovicianus). 1/4.

Ziesel (Spermophilus citillus). 1/3.

Alpenmurmeltier (Arctomys marmota). 1/5.

Bobak (Arctomys bobac). 37 cm lang.

Assapan (Pteromys volucella). 1/2.

Eichhorn (Sciurus vulgaris). 1/3.

Eisbär (Thalassarctos maritimus). 2,8 m lang.

Grislibär (Ursus ferox). 2,5 m lang.

Binturong (Arctictis binturong). 1/7.

Panda (Ailurus fulgens). 1/4.

Wickelbär (Cercoleptes caudivolvulus). 1/4.

Waschbär (Procyon lotor). 1/8.

Honigdachs (Mellivora capensis). 1/8.

Dachs (Meles taxus). 1/7.

Surilho (Mephitis suffocans). 1/4.

Stinkdachs (Mydaus meliceps). 1/4.

Seeotter (Enhydris marina). 1/10.

Zorilla (Rhabdogale mustelina). 1/6.

Hyrare (Galictis barbara). 1/6.

Vielfraß (Gulo borealis). 1/8.

Nerz (Putorius lutreola). 1/4.

Hermelin (Putorius erminea). 1/3.

Wiesel (Putorius vulgaris). 1/3.

Iltis (Putorius foetidus). 1/3.

Zobel (Mustela zibellina). 1/4.

Edelmarder (Mustela martes). 1/4.

Kusimanse (Crossarchus obscurus). 1/4.

Krabbenmanguste (Herpestes urva). 1/5.

Ichneumon (Herpestes ichneumon). 65 cm lang.

Zebramanguste (Herpestes fasciatus). 1/6.

Mungo (Herpestes mungo). 1/5.

Surikate (Rhyzaena tetradactyla). 1/4.

Fuchsmanguste (Cynictis penicillata). 1/6.

Ginsterkatze (Viverra genetta). 1/4.

Zibethe (Viverra zibetha). - 1/6.

Larvenroller (Paradoxurus larvatus). 1/4.

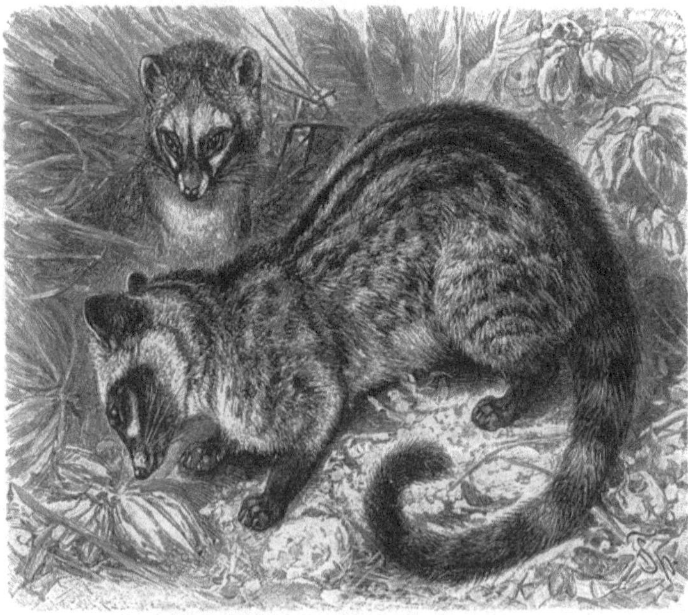

Indischer Palmroller (Paradoxurus niger). 1/5.

Zibetkatze (Viverra civetta). 1/6.

Fossa (Cryptoprocta ferox). 1/8.

Falbkatze (Felis maniculata). 1/5.

Nebelpardel (Felis nebulosa). 1/10.

Angorakatze. 1/1.

Hauskatze. 1/3.

Pampaskatze (Felis pajeros). 1/6.

Tigerkatze (Felis tigrina). 1/7.

Ozelot (Felis pardalis). 1/8.

Puma (Felis concolor). 1/10.

Serval (Felis serval). 1/8.

Irbis (Felis uncia). 1/10.

Schwarzer Leopard (Felis variegata). 1/12.

Leopard (Felis pardus). 1/12.

Löwe (Felis leo). Bis 1,9 m lang, bis 1 m hoch.

Tiger (Felis tigris). Bis 2,1 m lang, bis 1,06 m hoch.

Karakal (Lynx caracal). 70 cm Länge, 25 cm Höhe.

Gepard (Cynailurus jubatus). 1/9.

Luchs (Lynx vulgaris). 1/10.

Hyänenhund (Lycaon pictus). 1/10.

Zibethyäne (Proteles lalandii). 1/7.

Streifenhyäne (Hyaena striata). 1 m lang.

Wolf (Canis lupus). 1/9.

Heulwolf (Canis latrans). 1/9.

Löffelhund (Otocyon caffer). 1/4.

Polarfuchs (Canis lagopus). 1/8.

Fuchs (Canis vulpes). 1/12. — Oben: Schakal (Canis aureus). 1/12.

Streifenwolf (Canis adustus). 1/8.

Spitz. 1/10.

Schäferhund. 1/13.

Rauhhaarige Affenpinscher. 1/6.

Pudel. 1/10.

Bernhardinerhund. 1/10.

Vorstehhund (kurzhaarige Rasse). 1/10.

Teckel. 1/8.

Möpse. 1/6.

Bullenbeißer. 1/8.

Dänische Dogge. 1/10.

Windhund. 1/10.

Dingo (Canis dingo). 1/8.

Seelöwe (Otaria Stelleri). 1/30.

Seebär (Otaria ursina). 1/20.

Walroß (Trichechus rosmarus). 1/40.

Oben: Gemeiner Seehund (Phoca vitulina). 1/20. — Unten: Grönländischer Seehund (Phoca groenlandica). 1/20.

Klappmütze (Cystophora cristata). 1/20.

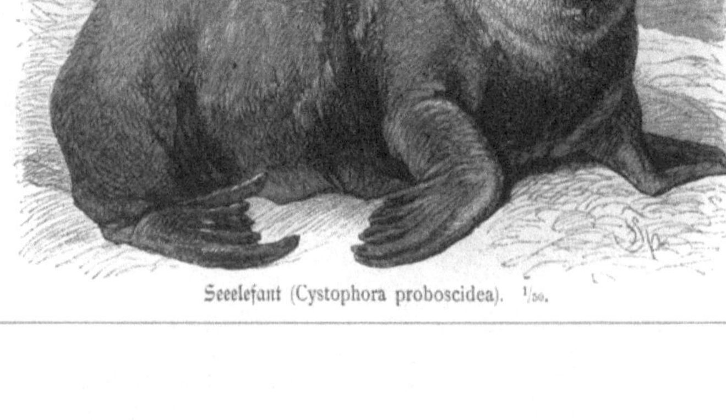

Seelefant (Cystophora proboscidea). 1/50.

Wasserspitzmaus (Sorex fodiens). $^1/_1$.

Hausspitzmaus (Crocidura aranea) und Waldspitzmaus (Sorex vulgaris). $^1/_1$.

Wimperspitzmaus (Sorex suaveolens). $^1/_1$.

Tanrek (Centetes ecaudatus). 1/3.

Elefantenspitzmaus (Macroscelides typicus). 1/2.

Maulwurf (Talpa europaea). ²/₃.

Igel (Erinaceus europaeus). ¹/₃.

Desman (Myogale moschata). 1/2.

Kaguang (Galeopithecus volans). 1/6.

Ohrenfledermaus (Plecotus auritus). 1/1.

Kalong (Pteropus edulis). 1/4.

Frühfliegende Fledermaus (Vesperugo noctula). 1/1.

Wasserfledermaus (Vespertilio Daubentonii). 1/1.

Klappnase (Rhinopoma microphyllum). 1/1.

Mopsfledermaus (Synotus barbastellus). 1/1.

Hufeisennase (Rhinolophus ferrum-equinum). 4/5.

Vampir (Phyllostoma spectrum). 1/4.

Aye-Aye (Chiromys madagascariensis). 1/9.

Koboldmaki (Tarsius spectrum). 1/2.

Riesengalago (Otolicnus crassicaudatus). 1/8.

Bilchmaki (Microcebus myoxinus). 1/2.

Bärenmaki (Arctocebus calabariensis). ¹/₃.

Plumplori (Stenops tardigradus). ²/₅.

Schlankfori (Stenops gracilis) im Erwachen. 1/3.

Katta (Lemur catta). 1/7.

Mongoz (Lemur mongoz). 1/7.

Vari (Lemur varius). 1/7.

Kronenindri (Lichanotus mitratus). 1/8.

Saguin (Hapale jacchus). Silberäffchen (Hapale argentata). Pinselaffchen (Hapale penicillata). 1/4.

Saimiri (Chrysothrix sciurea). 1/4.

Uakari (Brachyurus calvus). 1/7.

Miricina (Nyctipithecus trivirgatus). 35 cm lang.

Satansaffe (Pithecia satanas). 1/8.

1 Weißbart (Cebus leucogenys). 2 Apella (Cebus apella). 3 Weißschulteraffe (Cebus hypoleuca). 4 Fahlaffe (Cebus olivaceus). 1/8.

Faunaffe (Cebus fatuellus). Sai (Cebus capucinus). 1/8.

Coata (Ateles paniscus). 1/15.

Miriki (Ateles hypoxanthus). 1/8.

Caraja (Mycetes niger). 1/8.

Mandrill (Cynocephalus mormon). 1/10.

Mantelpavian (Cynocephalus hamadryas). 1/8.

Tschakma (Cynocephalus porcarius). 1/8.

Schopfpavian (Cynopithecus niger). 1/6.

Magot (Inuus ecaudatus). 1/6.

Schweinsaffe (Macacus nemestrinus). 1/9.

Hutaffe (Macacus sinicus). 1/5.

Husarenaffe (Cercopithecus ruber). 1/8.

Grünaffe (Cercopithecus sabaeus). 1 m Länge inkl. Schwanz.

Bärenstummelaffe (Colobus ursinus). 1/8. Teufelsaffe (Colobus satanas). 1/8.

Guereza (Colobus guereza). 1/10.

Nasenaffe (Nasalis larvatus). 1/10.

Hulman (Semnopithecus entellus). 1/10.

Orang-Utan (Pithecus satyrus). 1,35 m Höhe im Stehen.

Gorilla (Gorilla gina). 1,65 m Höhe.

Schimpanse (Simia troglodytes). Bis 1,7 m hoch.

Verschiedene Stellungen des Schimpanse.

FSC
www.fsc.org
MIX
Papier | Fördert gute Waldnutzung
FSC® C083411

Zeitfracht Medien GmbH
Ferdinand-Jühlke-Straße 7
99095 Erfurt, Deutschland
produktsicherheit@kolibri360.de